第二十届

# 中国土木工程詹天佑奖
## 获奖工程集锦（下册）

易 军 主编

中 国 土 木 工 程 学 会
北京詹天佑土木工程科学技术发展基金会

中国建筑工业出版社

图书在版编目（CIP）数据

第二十届中国土木工程詹天佑奖获奖工程集锦. 下册 / 易军主编，中国土木工程学会，北京詹天佑土木工程科学技术发展基金会主编. -- 北京：中国建筑工业出版社，2024. 10. -- ISBN 978-7-112-29993-5

Ⅰ. TU-12

中国国家版本馆 CIP 数据核字第 20240GY408 号

责任编辑：王砾瑶
责任校对：赵　力

第二十届中国土木工程詹天佑奖获奖工程集锦（下册）
易　军　主编
中国土木工程学会
北京詹天佑土木工程科学技术发展基金会
\*
中国建筑工业出版社出版、发行（北京海淀三里河路9号）
各地新华书店、建筑书店经销
北京方舟正佳图文设计有限公司制版
临西县阅读时光印刷有限公司印刷
\*
开本：787毫米×1092毫米　1/8　印张：31½　字数：610千字
2024年8月第一版　　2024年8月第一次印刷
定价：425.00 元
ISBN 978-7-112-29993-5
（42937）

版权所有　翻印必究
如有内容及印装质量问题，请联系本社读者服务中心退换
电话：（010）58337283　　QQ：2885381756
（地址：北京海淀三里河路9号中国建筑工业出版社604室　邮政编码：100037）

## 《第二十届中国土木工程詹天佑奖获奖工程集锦（下册）》编委会

主　　编：易　军

副 主 编：王　刚　　王同军　　尚春明　　马泽平
　　　　　顾祥林　　聂建国　　叶卫东　　李吉勤

整　　理：程　莹　　薛晶晶　　董海军

# 前言

土木工程是一门与人类历史共生并存、集人类智慧之大成的综合性应用学科，它源自人类生存的基本需要，转而渗透到了国计民生的方方面面，在国民经济和社会发展中占有重要的地位。如今，一个国家的土木工程技术水平，已经成为衡量其综合国力的一个重要内容。

"科技创新，与时俱进"，是振兴中华的必由之路，是保证我们国家永远立于世界民族之林的关键之一。同其他科学技术一样，土木工程技术也是一门需要随着时代进步而不断创新的学科，在我们中华民族为之骄傲的悠久历史上，土木建筑曾有过举世瞩目的辉煌！在改革开放的今天，现代化进程为中华大地带来了日新月异的变化，国民经济发展迅猛，基础建设规模空前，我国先后建成了一大批具有国际水平的重大工程项目，这无疑为我国土木工程技术的发展与应用提供了无比广阔的空间，同时，也为工程建设者们施展才能提供了绝妙的机会。

为推动我国土木工程科学技术的繁荣发展，积极倡导土木工程领域科技应用和科技创新的意识，中国土木工程学会与北京詹天佑土木工程科学技术发展基金会专门设立了"中国土木工程詹天佑奖"，以奖励和表彰在科技创新特别是自主创新方面成绩卓著的优秀项目，树立科技领先的样板工程，并力图达到以点带面的目的。自1999年开始，迄今已评奖20届，共计655项工程获此殊荣。

中国土木工程詹天佑奖是经国家批准、住房和城乡建设部认定的评比达标表彰保留项目之一，在建筑、交通、铁道、水利等土木工程领域组织开展，以"表彰奖励科技创新与新技术应用成绩显著的土木工程建设项目"为宗旨。中国土木工程詹天佑奖秉承"质量安全是底线、绿色低碳是底色、科技创新是核心"的理念，已经成为我国土木工程建设领域科技创新的最高奖项，被誉为土木工程领域的"奥斯卡奖"，为弘扬科技创新精神，激励科技人员的创新创造热情，促进我国土木工程科技水平的提高发挥了积极作用。

为了扩大宣传，促进交流，我们编撰了这部《第二十届中国土木工程詹天佑奖获奖工程集锦（下册）》大型图集，对第二十届第二批获奖的44项工程作了简要介绍，并配发了具有代表性的图片，以助读者更为直观地领略获奖工程的精华之所在。另外，我们也想借助这本图集的出版，赢得广大工程界的朋友对"中国土木工程詹天佑奖"更进一步的了解、支持和参与，希望通过我们的共同努力，使这一奖项更具创新性、先进性和权威性。

由于编撰时间仓促，疏漏之处在所难免，敬请批评指正。

本图集主要是根据第二十届中国土木工程詹天佑奖申报资料中的照片、说明以及部分获奖单位提供的获奖工程照片选编而成。谨此，向为本图集提供资料及图片的获奖单位表示诚挚的谢意。

# 目录

成都天府国际机场
（航站楼及配套工程）
024

北京环球影城主题公园（一期）项目
030

济宁市文化中心
036

江苏省第十一届园艺博览会工程
042

嘉兴市文化艺术中心
048

西安奥体中心
054

苏州中心项目
060

华南理工大学广州国际校区一期工程
066

天津茱莉亚学院
070

武汉高世代薄膜晶体管液晶显示器件
（TFT-LCD）生产线项目
074

北京永丰产业基地（新）C4、C5
公租房项目
078

深圳市长圳公共住房及其附属
工程总承包（EPC）6～10栋
082

获奖工程及获奖单位名单　012
中国土木工程詹天佑奖简介　019

西安曲江·玫瑰园
086

青岛被动房住宅推广示范小区
090

昌赣客专赣州赣江特大桥
094

海南铺前大桥（海文大桥）
098

新建福州至平潭铁路平潭海峡公铁大桥
104

宁波梅山春晓大桥（梅山红桥）工程
110

长安街西延（古城大街—三石路）道路工程新首钢大桥
114

拉萨至林芝铁路
120

新建北京至雄安新区城际铁路
124

新建商丘至合肥至杭州铁路
130

成都至贵阳高速铁路
136

贵安新区腾讯七星数据中心项目（一期）
142

广东省潮州至惠州高速公路
146

港珠澳大桥主体工程岛隧工程
152

一汽－大众汽车有限公司新建试验场项目及试验场扩建工程
158

贵州乌江构皮滩水电站
162

江苏溧阳 6×250MW 抽水蓄能电站工程
168

杭州市第二水源千岛湖配水工程
174

苏通 GIL 综合管廊工程
180

海南省洋浦港油品码头及配套储运设施工程
184

无锡地铁 3 号线一期工程
190

北京大兴机场线工程
196

广州市轨道交通九号线工程
200

重庆市轨道交通环线工程
204

深圳市城市轨道交通 6 号线工程
210

厦门海沧新城综合交通枢纽工程
216

武汉三阳路越江通道工程
220

汾江路南延线沉管隧道工程
226

世界大运会东安湖体育公园项目
230

高安屯污泥处理中心及再生水厂工程
236

广州市中心城区生态型市政
污水厂工程
240

津沽污水、再生水、污泥循环经济
示范项目
246

# 获奖工程及获奖单位名单

### 成都天府国际机场（航站楼及配套工程）
（推荐单位：四川省土木建筑学会）
中国建筑第八工程局有限公司
中国建筑西南设计研究院有限公司
北京城建集团有限责任公司
中国华西企业股份有限公司
上海建工一建集团有限公司
中国五冶集团有限公司
中铁二局集团有限公司
江苏沪宁钢机股份有限公司
中铁十四局集团有限公司
山西运城建工集团有限公司

### 北京环球影城主题公园（一期）项目
（推荐单位：北京土木建筑学会）
中国建筑第二工程局有限公司
北京国际度假区有限公司
中铁建设集团有限公司
中建一局集团建设发展有限公司
上海宝冶集团有限公司
中国京冶工程技术有限公司
北京城建集团有限责任公司
中建二局第三建筑工程有限公司
北京市建筑设计研究院有限公司
北京国际建设集团有限公司

### 济宁市文化中心
（推荐单位：山东土木建筑学会）
中建三局集团有限公司
济宁城投控股集团有限公司
山东省建筑科学研究院有限公司
天津市城市规划设计研究总院有限公司
中国建筑科学研究院有限公司
华南理工大学建筑设计研究院有限公司
华东建筑设计研究院有限公司

### 江苏省第十一届园艺博览会工程
（推荐单位：江苏省土木建筑学会）
中国建筑第八工程局有限公司
东南大学建筑设计研究院有限公司
中建八局文旅博览投资发展有限公司
浙江中亚园林集团有限公司
苏州鑫祥古建园林工程有限公司
中建八局总承包建设有限公司
上海通正铝结构建设科技有限公司
浙江省东阳木雕古建园林工程有限公司
上海园林（集团）有限公司
中建八局装饰工程有限公司

### 嘉兴市文化艺术中心
（推荐单位：浙江省土木建筑学会）
中建一局集团建设发展有限公司
同济大学建筑设计研究院（集团）有限公司
嘉兴市秀湖实业投资有限公司
苏州科技大学
浙江经建工程管理有限公司

### 西安奥体中心
（推荐单位：陕西省土木建筑学会）
华润置地控股有限公司
中国建筑第八工程局有限公司
陕西建工集团股份有限公司
中建三局集团有限公司
中建八局西北建设有限公司
中建八局装饰工程有限公司
陕西建工第一建设集团有限公司
悉地国际设计顾问（深圳）有限公司
中信建筑设计研究总院有限公司
中国建筑东北设计研究院有限公司

### 苏州中心项目
（推荐单位：江苏省土木建筑学会）
中亿丰建设集团股份有限公司
中建三局集团有限公司
中衡设计集团股份有限公司
苏州恒泰商用置业有限公司
江苏沪宁钢机股份有限公司
启迪设计集团股份有限公司
上海市政工程设计研究总院（集团）有限公司
中船第九设计研究院工程有限公司
上海隧道工程有限公司
杭州萧宏建设环境集团有限公司

**华南理工大学广州国际校区一期工程**
（推荐单位：广东省土木建筑学会）
广州建筑股份有限公司
中国建筑第四工程局有限公司
华南理工大学建筑设计研究院有限公司
广州市重点公共建设项目管理中心
广州市市政集团有限公司
广州机施建设集团有限公司
中建四局第一建设有限公司
广州市第一市政工程有限公司
广州市市政工程机械施工有限公司
广州市第二建筑工程有限公司

**天津茱莉亚学院**
（推荐单位：中国冶金科工集团有限公司）
中冶天工集团有限公司
华东建筑设计研究院有限公司
天津大学建筑工程学院
北京远达国际工程管理咨询有限公司
中冶天工集团天津有限公司

**武汉高世代薄膜晶体管液晶显示器件（TFT-LCD)生产线项目**
（推荐单位：湖北省土木建筑学会）
中建三局集团有限公司
世源科技工程有限公司
中国电子系统工程第二建设有限公司
武汉京东方光电科技有限公司
柏诚系统科技股份有限公司
中建一局集团建设发展有限公司
合肥工大建设监理有限责任公司

**北京永丰产业基地（新）C4、C5公租房项目**
（推荐单位：中国土木工程学会住宅工程指导工作委员会）
中国建筑标准设计研究院有限公司
中国建筑第七工程局有限公司
五感纳得（上海）建筑设计公司

**深圳市长圳公共住房及其附属工程总承包（EPC）项目6～10栋**
（推荐单位：中国土木工程学会住宅工程指导工作委员会）
中建科技集团有限公司
深圳市住房保障署
中建科技集团华南有限公司
深圳市建筑设计研究总院有限公司
中建装配式建筑设计研究院有限公司
深圳深汕特别合作区中建科技有限公司
中社科（北京）城乡规划设计研究院

**西安曲江·玫瑰园**
（推荐单位：中国土木工程学会住宅工程指导工作委员会）
陕西建工第一建设集团有限公司
陕西万众控股集团有限公司
西安龙盛置业有限公司
陕西博睿实业发展有限公司

**青岛被动房住宅推广示范小区**
（推荐单位：中国土木工程学会住宅工程指导工作委员会）
荣华建设集团有限公司
青岛宝利建设集团有限公司
青岛万顺城市建设有限公司
中建八局装饰工程有限公司
中德生态园被动房建筑科技有限公司

**昌赣客专赣州赣江特大桥**
（推荐单位：中国铁道建筑集团有限公司）
中铁第四勘察设计院集团有限公司
中铁十六局集团有限公司
中铁二十一局集团有限公司
昌九城际铁路股份有限公司
中南大学

**海南铺前大桥（海文大桥）**
（推荐单位：中国土木工程学会桥梁及结构工程分会）
中国公路工程咨询集团有限公司
中交第二航务工程局有限公司
同济大学
中交第二公路勘察设计研究院有限公司
中咨数据有限公司
中国地震局地球物理研究所
海南中交高速公路投资建设有限公司

### 新建福州至平潭铁路平潭海峡公铁大桥
（推荐单位：中国土木工程学会桥梁及结构工程分会）
中铁大桥局集团有限公司
中国铁建大桥工程局集团有限公司
中铁大桥勘测设计院集团有限公司
中铁第四勘察设计院集团有限公司
京台高速（平潭）跨海大桥有限公司
中铁桥隧技术有限公司
中铁上海设计院集团有限公司
西安铁一院工程咨询管理有限公司
中铁山桥集团有限公司
中国铁道科学研究院集团有限公司

### 宁波梅山春晓大桥（梅山红桥）工程
（推荐单位：上海市土木工程学会）
上海市政工程设计研究总院（集团）有限公司
宁波梅山岛开发投资有限公司
四川公路桥梁建设集团有限公司
中铁山桥集团有限公司
同济大学

### 长安街西延（古城大街—三石路）道路工程新首钢大桥
（推荐单位：中国土木工程学会工程数字化分会）
北京城建集团有限责任公司
北京市市政工程设计研究总院有限公司
北京市公联公路联络线有限责任公司
北京城建道桥建设集团有限公司
铁科检测有限公司

### 拉萨至林芝铁路
（推荐单位：中国铁道工程建设协会）
中铁二院工程集团有限责任公司
西藏铁路建设有限公司
中铁十二局集团有限公司
中铁一局集团有限公司
中铁九局集团有限公司
中铁电气化局集团有限公司
中铁十一局集团有限公司
中铁五局集团有限公司
中铁二局集团有限公司
中铁广州工程局集团有限公司

### 新建北京至雄安新区城际铁路
（推荐单位：中国铁道工程建设协会）
中铁十二局集团有限公司
中国铁建电气化局集团有限公司
中铁北京工程局集团有限公司
雄安高速铁路有限公司
中国铁路北京局集团有限公司
中铁建工集团有限公司
中国铁路设计集团有限公司
中铁上海工程局集团有限公司
中铁十九局集团有限公司
中交第二航务工程局有限公司

### 新建商丘至合肥至杭州铁路
（推荐单位：中国铁道工程建设协会）
中铁第四勘察设计院集团有限公司
皖赣铁路安徽有限责任公司
中国铁路设计集团有限公司
中铁大桥局集团有限公司
中铁四局集团有限公司
中铁八局集团有限公司
中国铁建大桥工程局集团有限公司
中铁三局集团有限公司
中铁大桥勘测设计院集团有限公司
中国铁建电气化局集团有限公司

### 成都至贵阳高速铁路
（推荐单位：中国铁道工程建设协会）
中铁二院工程集团有限责任公司
成贵铁路有限责任公司
中铁大桥局集团有限公司
中铁上海工程局集团有限公司
中铁十八局集团有限公司
中铁五局集团有限公司
中铁十二局集团有限公司
中铁八局集团有限公司
中铁十一局集团有限公司
中铁四局集团有限公司

### 贵安新区腾讯七星数据中心项目（一期）
（推荐单位：中国土木工程学会隧道及地下工程分会）
中铁隧道集团二处有限公司
贵州省交通规划勘察设计研究院股份有限公司
贵安新区产业发展控股集团有限公司
中铁隧道集团机电工程有限公司
贵州黔水工程监理有限责任公司

### 广东省潮州至惠州高速公路
（推荐单位：中国公路学会）
广东潮惠高速公路有限公司
中交第一公路勘察设计研究院有限公司
中交公路规划设计院有限公司
广东省交通规划设计研究院集团股份有限公司
中铁十四局集团有限公司
保利长大工程有限公司
广东冠粤路桥有限公司
中铁十二局集团有限公司
中交第二公路工程局有限公司
中铁十局集团第三建设有限公司

### 港珠澳大桥主体工程岛隧工程
（推荐单位：中国交通建设集团有限公司）
中国交通建设股份有限公司
港珠澳大桥管理局
中交公路规划设计院有限公司
中交第四航务工程勘察设计院有限公司
上海市隧道工程轨道交通设计研究院
中交第一航务工程局有限公司
中交第二航务工程局有限公司
中交第三航务工程局有限公司
中交第四航务工程局有限公司
中交广州航道局有限公司

### 一汽-大众汽车有限公司新建试验场项目及试验场扩建工程
（推荐单位：中国公路学会）
中铁四局集团有限公司
中铁四局集团第一工程有限公司
一汽-大众汽车有限公司
上海市政工程设计研究总院（集团）有限公司
北京路桥通国际工程咨询有限公司

### 贵州乌江构皮滩水电站
（推荐单位：中国大坝工程学会）
贵州乌江水电开发有限责任公司
长江勘测规划设计研究有限责任公司
中国水利水电第八工程局有限公司
中国水利水电第九工程局有限公司
中国水利水电第十四工程局有限公司
中国水利水电第六工程局有限公司
中国水利水电第十六工程局有限公司
杭州国电机械设计研究院有限公司
四川二滩国际工程咨询有限责任公司
中国葛洲坝集团机电建设有限公司

### 江苏溧阳6×250MW抽水蓄能电站工程
（推荐单位：中国大坝工程学会）
中国水利水电第十二工程局有限公司
中国电建集团中南勘测设计研究院有限公司
中国水利水电第三工程局有限公司
中国水利水电第六工程局有限公司
江苏国信溧阳抽水蓄能发电有限公司
中国水利水电建设工程咨询西北有限公司

### 杭州市第二水源千岛湖配水工程
（推荐单位：水利部水利工程建设司）
杭州市千岛湖原水股份有限公司
浙江省水利水电勘测设计院有限责任公司
中国电建集团华东勘测设计研究院有限公司
浙江省第一水电建设集团股份有限公司
中国葛洲坝集团第一工程有限公司
中国电建市政建设集团有限公司
浙江江南春建设集团有限公司
浙江金华市顺泰水电建设有限公司
浙江省水电建筑安装有限公司
浙江江能建设有限公司

### 苏通 GIL 综合管廊工程
（推荐单位：中国电力建设企业协会）
国网江苏省电力工程咨询有限公司
中铁十四局集团有限公司
江苏省送变电有限公司
中铁第四勘察设计院集团有限公司
国网江苏省电力有限公司电力科学研究院

**海南省洋浦港油品码头及配套储运设施工程**
（推荐单位：中国土木工程学会港口工程分会）
中交水运规划设计院有限公司
中交第四航务工程局有限公司
国投（洋浦）油气储运有限公司
赛鼎工程有限公司

**无锡地铁3号线一期工程**
（推荐单位：中国铁道建筑集团有限公司）
无锡地铁集团有限公司
中铁十七局集团有限公司
北京城建设计发展集团股份有限公司
广州地铁设计研究院股份有限公司
中铁十一局集团有限公司
中铁十四局集团有限公司
中铁十九局集团有限公司
中铁四局集团有限公司
上海隧道工程有限公司
江苏航天大为科技股份有限公司

**北京大兴机场线工程**
（推荐单位：中国土木工程学会轨道交通分会）
北京市轨道交通建设管理有限公司
北京城建设计发展集团股份有限公司
北京城建轨道交通建设工程有限公司
北京城建集团有限责任公司
北京市政路桥股份有限公司
中铁十二局集团有限公司
中铁二十三局集团有限公司
北京市政建设集团有限责任公司
中铁十四局集团有限公司
北京市轨道交通设计研究院有限公司

**广州市轨道交通九号线工程**
（推荐单位：中国铁路工程集团有限公司）
广州地铁集团有限公司
中铁三局集团有限公司
广州地铁设计研究院股份有限公司
广东华隧建设集团股份有限公司
中铁二局集团有限公司
广东省基础工程集团有限公司
中铁一局集团有限公司
中铁十六局集团有限公司
广东水电二局股份有限公司
广州市城市建设工程监理有限公司

**重庆市轨道交通环线工程**
（推荐单位：中国铁道建筑集团有限公司）
中国铁建投资集团有限公司
重庆市轨道交通（集团）有限公司
上海市隧道工程轨道交通设计研究院
上海市政工程设计研究总院（集团）有限公司
林同棪国际工程咨询（中国）有限公司
中国铁建大桥工程局集团有限公司
中铁十五局集团有限公司
中国铁建电气化局集团有限公司
中铁二十四局集团有限公司
中铁二十三局集团有限公司

**深圳市城市轨道交通6号线工程**
（推荐单位：中国土木工程学会轨道交通分会）
深圳市地铁集团有限公司
中铁二院工程集团有限责任公司
中国中铁股份有限公司
中国建筑股份有限公司
中国铁建股份有限公司
中铁南方投资集团有限公司
深圳大学
中国建设基础设施有限公司
中铁建南方建设投资有限公司
中建南方投资有限公司

**厦门海沧新城综合交通枢纽工程**
（推荐单位：中国土木工程学会城市公共交通分会）
厦门公交集团有限公司
中铁十七局集团有限公司
北京中外建建筑设计有限公司
厦门公共交通场站有限公司
厦门公交集团掌上行科技有限公司

**武汉三阳路越江通道工程**
（推荐单位：中国土木工程学会市政工程分会）
中铁第四勘察设计院集团有限公司
武汉地铁集团有限公司
上海隧道工程有限公司
中铁十八局集团有限公司
中铁二局集团有限公司
中铁十一局集团有限公司
武汉市汉阳市政建设集团有限公司
中铁四局集团有限公司
武汉市市政建设集团有限公司
中铁五局集团有限公司

### 汾江路南延线沉管隧道工程
（推荐单位：中国土木工程学会市政工程分会）
广州打捞局
中铁第六勘察设计院集团有限公司
佛山市新城开发建设有限公司
上海海科工程咨询有限公司
中交第四航务工程局有限公司

### 世界大运会东安湖体育公园项目
（推荐单位：中国冶金科工集团有限公司）
中国五冶集团有限公司
成都市公园城市建设发展研究院
四川大学
杭州园林设计院股份有限公司
上海太和水科技发展股份有限公司
深圳市凯铭智慧建设科技有限公司
中冶成都勘察研究总院有限公司
五冶集团装饰工程有限公司
中国建筑第八工程局有限公司
中冶西部钢构有限公司

### 高安屯污泥处理中心及再生水厂工程
（推荐单位：中国土木工程学会水工业分会）
北京城市排水集团有限责任公司
北京市市政工程设计研究总院有限公司
北京北排建设有限公司
北京建工集团有限责任公司
北京建工土木工程有限公司

### 广州市中心城区生态型市政污水厂工程
（推荐单位：中国土木工程学会市政工程分会）
广州市市政工程设计研究总院有限公司
中铁上海工程局集团有限公司
广州市净水有限公司
中铁四局集团有限公司
中铁一局集团市政环保工程有限公司
西安建筑科技大学
广州市自来水工程有限公司
广州市市政集团有限公司
荣鸿建工集团有限公司
广东精艺建设集团有限公司

### 津沽污水、再生水、污泥循环经济示范项目
（推荐单位：中国土木工程学会水工业分会）
中国市政工程华北设计研究总院有限公司
天津创业环保集团股份有限公司
天津城市基础设施建设投资集团有限公司
天津中水有限公司
中铁四局集团有限公司
天津第二市政公路工程有限公司
天津华北工程管理有限公司

### 大型低速风洞建筑工程
（推荐单位：中国人民解放军工程建设协会）
中国空气动力研究与发展中心低速空气动力研究所
中国空气动力研究与发展中心设备设计与测试技术研究所
中国建筑第八工程局有限公司
同济大学建筑设计研究院（集团）有限公司
中国电建集团透平科技有限公司

## 简 介

中国土木工程詹天佑奖由中国土木工程学会和北京詹天佑土木工程科学技术发展基金会于1999年联合设立，是经国家批准、住房和城乡建设部认定、科技部首批核准，在建筑、交通、铁道、水利等土木工程领域组织开展，以表彰奖励科技创新与新技术应用成绩显著的工程项目为宗旨的奖项。中国土木工程詹天佑奖秉承"质量安全是底线、绿色低碳是底色、科技创新是核心"的理念，已经成为中国土木工程领域最具影响力、最具有科技创新先进水平的工程大奖，被誉为土木工程领域的"奥斯卡奖"，为促进我国土木工程科学技术的繁荣发展发挥了积极作用。

中国土木工程詹天佑奖

第十九届颁奖大会现场

1 为贯彻国家科技创新战略，提高土木工程建设水平，促进先进科技成果应用于工程实践，创造优秀的土木建筑工程，特设立中国土木工程詹天佑奖。本奖项旨在奖励和表彰我国在科技创新和科技应用方面成绩显著的优秀土木工程建设项目。本奖项评选要充分体现"创新性"（获奖工程在规划、勘察、设计、施工及管理等技术方面应有显著的创造性和较高的科技含量）、"先进性"（反映当今我国同类工程中的最高水平）、"权威性"（学会与政府主管部门之间协同推荐与遴选）。

本奖项是我国土木工程界面向工程项目的最高荣誉奖，由中国土木工程学会和北京詹天佑土木工程科学技术发展基金会颁发，在住房和城乡建设部、交通运输部、水利部及中国国家铁路集团有限公司等建设主管部门的支持与指导下进行。

2 本奖项隶属于"詹天佑土木工程科学技术奖"（2001年3月经国家科技奖励工作办公室首批核准，国科准字001号文），住房和城乡建设部认定为建设系统的主要评比奖励项目之一（建办[2001]38号）。

3 本奖项评选范围包括下列各类工程：

① 建筑工程（含高层建筑、大跨度公共建筑、工业建筑、住宅小区工程等）；
② 桥梁工程（含铁路、公路及城市桥梁）；
③ 铁路工程；
④ 隧道及地下工程、岩土工程；
⑤ 公路及场道工程；
⑥ 水利、水电工程；
⑦ 电力工程；
⑧ 水运、港工及海洋工程；

第十九届获奖代表领奖

第二十届评审大会

科技部颁发奖项证书

第十九届颁奖大会现场

⑨ 城市公共交通工程（含轨道交通工程）；
⑩ 市政工程（含给水排水、燃气热力工程等）；
⑪ 特种工程（含军工工程）。

**4** 申报本奖项的工程需具备下列条件：

① 完成竣工验收。申报项目必须通过竣工验收，并经建设行政主管部门备案。对建筑、市政等实行一次性竣工验收的工程，必须是已经完成竣工验收并经过一年以上使用核验的工程；对铁路、公路、港口、水利等实行"交工验收或初验"与"正式竣工验收"两阶段验收的工程，必须是已经完成"正式竣工验收"的工程。

② 工程质量优质。工程质量必须达到优质工程（获得省级以上优质工程奖），经过至少1年以上的使用，没有发生过任何质量问题和安全隐患，由建设单位出具使用评价证明。

③ 践行绿色低碳理念。必须积极贯彻执行"创新、协调、绿色、开放、共享"的新发展理念，在绿色建造、智能建造、节约资源、保护环境、践行"双碳"目标等方面取得新突破，为推进建筑业转型升级、节能降碳、高质量发展起到示范和引领作用。

④ 科技创新突出。必须突出体现应用先进的科学技术成果，有较高的科技含量。在规划、勘察、设计、施工以及工程管理等方面有创新和突破（尤其是自主创新），整体水平达到国内同类工程领先水平。

**5** 本奖项采取"推荐制"，根据评选工程范围和标准，由建设、交通、水利、铁道等有关部委主管部门、各地方学会、学会分支机构、业内大型央企及受委托的学（协）会提名推荐参选工程；在推荐单位同意推荐的条件下，由参选工程的主要完成单位共同协商填报"参选工程申报书"和有关申报材料；经中国土木工程詹天佑奖评选委员会进行遴选，提出候选工程；召开中国土木工程詹天佑奖评选委员会与指导委员会联席会议，确定最终获奖工程。

本奖项评审由"中国土木工程詹天佑奖评选委员会"组织进行，评选委员会由各专业的土木工程资深专家组成。中国土木工程詹天佑奖指导委员会负责工程评选的指导和监督，中国土木工程詹天佑奖指导委员会由住房和城乡建设部、交通运输部、水利部、中国国家铁路集团有限公司等有关部门、业内资深专家以及中国土木工程学会和北京詹天佑土木工程科学技术发展基金会的领导组成。

**6** 每届隆重举行一次颁奖大会，对获奖工程的主要参建单位授予詹天佑荣誉奖杯、奖牌和证书，并统一组织在相关媒体上进行获奖工程展示。

# 中国土木工程詹天佑奖
## 获奖工程集锦

# 成都天府国际机场
## （航站楼及配套工程）

| 推荐单位 | 四川省土木建筑学会

# 1 | 工程概况

成都天府国际机场位于简阳市芦葭镇，距离成都市中心天府广场51.5km，总用地面积52km²，工程总投资776.99亿元，是国家"十三五"期间规划建设的最大民用运输枢纽机场项目，是国家推进"一带一路"和长江经济带战略、全面融入全球经济的重大战略布局。规划到2025年，建设约70万m²单元式航站楼、"两纵一横"3条跑道，满足旅客吞吐量4000万人次，货邮吞吐量70万t，飞机起降量35万架次。成都天府国际机场总建筑面积110.86万m²，由T1航站楼、T2航站楼、GTC综合换乘中心及旅客过夜酒店组成，其中T1航站楼38.74万m²，T2航站楼31.85万m²，GTC综合换乘中心27.27万m²，旅客过夜酒店13万m²。

成都天府国际机场T1、T2航站楼是西南地区首个完全自主设计、完全自主施工的机场，创新采用"手拉手模式"，通过空侧连廊连为一体，呈镜像布置。综合交通枢纽位于两者之间，形成高效便捷的换乘系统，含有高铁、地铁、APM、PRT等多种轨道系统。成都天府国际机场设计合理，造型新颖，取意驮日飞翔的神鸟，寓意着古蜀文明在成都这片神奇土地上历经3000余年的延续、传承和生长。

工程于2017年11月14日开工建设，2021年5月19日竣工，工程总投资776.99亿元。

| ① | |
|---|---|
| ② | ③ |

① T1、T2航站楼全貌
② GTC大厅
③ 旅客过夜酒店

## 2 科技创新与新技术应用

(1) 首次采用"中国唯一一个手拉手"的单元式航站楼设计构型,形成空陆侧高效平衡的中国西南首座立体交通枢纽,运行更为便捷高效。

(2) 提出了基于多体耦合的抗震恢复力模型及算法。解决了多体耦合分析模型抗震设计与计算中的建模复杂、计算繁琐等问题。

(3) 突破了现有大跨结构多维减隔振设计方法。发明了集隔振与防倾覆一体的新型隔振系统,解决了传统隔振器因过载破坏而造成建筑物倾覆的业界难题;攻克了全国首例350km/h高铁不减速下穿航站楼时高频振动影响的难题。

(4) 建立了大跨度渐变弧形顶板施工与监测技术。研发了渐变双弧形顶板支模技术,通过有限元模拟分析,设计可拼接拱形桁架体系,解决全球唯一的3m厚双曲弧形顶板弧度成型难度大、立杆倾斜带来的架体失稳难题。

(5) 研发弧形模板高精度激光测拱技术,解决了弧形顶板支模起拱测量精度低的难题,测量精度误差较规范允许值减小60%。

(6) 攻克了复杂隔振结构精准快速建造难题。创新采用弹簧隔振器可预紧措施,使航站楼建设期内弹簧隔振器转换为刚性支承,同时利用调平钢板补偿沉降变形,提高了隔振支座竖向安装精度。

(7) 首创地上超长薄板结构无缝施工技术。提出了多指标超长结构混凝土配合比优化方法,解决了由于取消后浇带而造成的质量难以保证的难题。

(8) 攻克了千米级超长曲面网架高效高精度安装难题。建立了千米级钢结构施工动态优化分析技术,实现了变形和应力优化,极大地降低了安装残余应力。

(9) 实现了基于BIM模型的多专业协同建造。研发了基于BIM模型对自然通风、日照分析、声学性能、建筑景观等分析系统,研发了由互联网技术、物联网技术、BIM技术构成的智能化信息管理系统,实现了数字化信息化深度融合应用。

① 全景图
② 俯瞰图

# 北京环球影城主题公园（一期）项目

| 推荐单位 | 北京土木建筑学会

全景

# 1 工程概况

北京环球影城主题公园（一期）项目位于北京城市副中心通州文化旅游度假区内，是经国务院同意、国家发展改革委立项核准的重大文化旅游产业项目，是我国第一座、全球面积最大的环球影城，填补了我国北方地区缺少世界级主题公园的空白，提升了北方文旅经济格局。

该项目作为我国单体投资额最大的文旅项目，由7大特色主题区域（侏罗纪世界、小黄人领地、功夫熊猫、未来水世界、哈利波特魔法世界、变形金刚基地、好莱坞大道）、6个配套工程（城市大道、环球大酒店、诺金度假酒店、停车楼、景观水系和后勤服务区）组成。项目占地面积159.57公顷，总建筑面积66万$m^2$，景观面积共107.2万$m^2$（其中绿化面积80.78万$m^2$，硬质景观26.42万$m^2$），园林建筑33座，建筑面积13.62万$m^2$，主题立面20.89万$m^2$，塑石假山6.96万$m^2$，艺术雕塑小品80座。

项目囊括了四大风格迥异的建筑，包括"霍格沃茨城堡"的哥特式建筑、"功夫熊猫"系列的中国传统建筑、"装饰艺术"的好莱坞风格、"变形金刚"故事的废土风。创新将中华文化元素融入世界主题公园建设中，中国文化元素占35%，向世界展示中国的文化自信，用中国建造讲好世界故事。

工程于2018年10月开工建设，2021年1月竣工，总投资460亿元。

北京环球影城度假区

## 2 科技创新与新技术应用

(1) 以"一轴两区依水,七景核心环湖"为设计理念,建成全球首个包含中华元素的国际电影主题园区。

(2) 基于数字化技术的主题公园场景设计。自主研发 BIM Coact 设计协作平台,实现多专业协同正向设计;研发异型构(建)筑物数字化深化设计方法及多专业综合优化设计技术,解决倾斜、扭曲等异型建筑形态设计难题;创新钢材受限条件下穹顶结构设计,实现全国首个 FRP 混凝土装配式组合结构的工程应用;设计中国首个室内燃气火焰特效观演建筑,填补国内特殊消防设计空白。

(3) 主题公园场景营造施工关键技术。首创大型山体钢结构模块化及山景覆面数字化建造技术,实现超大体量假山的工业化建造;开发形成主题装饰施工成套技术,自主研发结构砂浆精益喷涂及粘结工艺,减少裂缝超过 90%;创新无尘控制与喷涂色差控制技术,实现 GFRC 板表面高光泽度金属汽车漆质感;创新室内现浇清水混凝土自防水异型水道施工技术,实现 450m 弧形复杂截面闭合循环水道无伸缩缝精准施工。

(4) 大型游艺设备高精度安装及配套支撑技术。研发游乐设备高精度安装和安全包络线检测技术,保障过山车高加速运行状态下的安全;开发骑乘、演艺表演智能控制系统,通过滑触线及 APOS 磁条定位方法,实现游艺设备与声、光、电、风、气味等元素毫秒级误差衔接;发明基于 3D 扫描和 BIM 的结构板下暗埋管线高精度施工技术,实现 127 万 m 立体密集交叉管线群、超 2.5 万个末端高效施工。

(5) 绿色低碳园区建设理念与实施。全球首个通过 LEED 金级认证的主题公园,每年可减少二氧化碳排放量超 2 万 t,每年超 27 亿升水循环使用;自主研发国内第一套建筑垃圾土壤原位处理生产线,填补国内建筑垃圾资源化处置关键设备的空白;创新整合超融合云架构、新一代 SDN(软件定义网络)、能源管理平台,实现园区数字化智慧管理。

| ① | ② | ⑤ |
| ③ | ④ | ⑥ |

① 哈利波特村落
② 好莱坞大道主题包装
③ 飞越侏罗纪
④ 哈利波特与禁忌之旅
⑤ 全景
⑥ 诺金度假酒店

# 济宁市文化中心

| 推荐单位 | 山东土木建筑学会

西北鸟瞰全景

## 1 | 工程概况

该工程位于孔孟之乡、运河之都的山东济宁,总建筑面积约49万 m²,由群艺馆、图书馆、博物馆、美术馆及配套商业组成,是集"展陈、演艺、研修、培训、创作娱乐、购物"等功能于一体的山东省重点惠民工程。项目由国内外多位世界顶级大师共同担纲设计,以现代建筑弘扬中国传统文化,实现环境、人文和谐共生,以新型节能技术打造绿韵空间,实现多样功能需求。

工程承载了展示"志于道、据于德、依于仁、游于艺"的齐鲁文化的使命,依托济宁深厚的文化资源、太白湖丰富的自然资源,融合传统文化元素与现代科技,整体建筑风格端庄大方,建筑与景观相互映衬,强调文化建筑之间的功能互补,充分体现了"文化、和谐、绿韵、多样"的特点,整体如同于行云流水间,造就气势恢宏的"城市客厅""城市名片"。

工程于2016年3月1日开工建设,2021年5月10日竣工,总投资39.39亿元。

① 西南鸟瞰全景
② 群艺馆
③ 图书馆
④ 博物馆
⑤ 美术馆
⑥ 图书馆大悬挑爵弁冠屋盖及竹筒式陶棍幕墙
⑦ 群艺馆鲁锦式石材格栅幕墙

## 2 | 科技创新与新技术应用

(1) 工程完美呈现济宁文明史，开创文化中心 3.0 新时代，为儒家文脉的集中传承和创新典范，创造两项"中国幕墙之最"，获评"全球最受瞩目博物馆建筑"。

(2) 创新文商融合模式，规划设计整体立意于齐鲁、孔孟传统文脉，创新融入"山水"文化等 20 余种文化元素，创新打造城市"山水"会客厅，充分展现了深厚的历史文化底蕴与时代气息。

(3) 首创孔孟"游于艺"文化建筑，研究"活力环"建筑理念，提出"泛活动空间"概念，发明三种"鲁锦式"石材格栅"编织"形式及石材挂件系统，营造步移景异、虚实变幻的群艺空间。

(4) 创新打造"学宫·辟雍"文化杏坛，建造超长悬挑"爵弁冠"造型屋盖，创新融入"汉碑、竹简"文化元素，研发"竹简式"陶棍遮阳格栅幕墙体系，提升建筑文化可读性，实现传统文化现代转译。

(5) 创新采用"文化年轮"，穿越济宁 7000 年文化长河，创新预拼装精准模拟、复杂空间曲面放样等技术，实现 686m 大曲率螺旋坡道高精度制作安装。

(6) 创新融入孔孟"和文化"，拓扑拟态荷叶形，创新采用遗传算法拟合技术优化曲面屋盖，发明铰接纤细摇摆柱、适应型钢框架节点、超高仿古青砖墙挂砌构造，实现消隐式荷叶形美术馆与环境、人文和谐共生。

(7) 创新研究海绵城市与高地公园建筑相结合及大型地源热泵系统，将综合管廊理念应用于房建工程。

商业综合体实体效果

# 江苏省第十一届园艺博览会工程

| 推荐单位 | 江苏省土木建筑学会

江苏省第十一届园艺博览会全景图

# 1 工程概况

江苏省第十一届园艺博览会工程位于南京市，是国内规模最大的废弃工业遗址山地园博园工程，集中国传统文化展示、经典园林园艺传承、休闲度假体验和会议会展交流等功能于一体。江苏省最大的"双修"示范工程，被誉为"生态文明建设时代"城市转型新范本。

工程总占地面积 345 万 $m^2$，总建筑面积 32 万 $m^2$，园林绿化面积 254 万 $m^2$，分为崖畔花谷、时光艺谷、苏韵慧谷和云池梦谷四大主题，包括江苏 13 个城市经典展园、6 处废弃工业遗迹展馆、5 大精品园林建筑、1 座水下植物花园及配套设施。

工程于 2019 年 4 月 20 日开工建设，2021 年 4 月 16 日竣工，总投资 158 亿元。

| ① | | |
|---|---|---|
| ② | ③ | ④ |

① 苏韵慧谷—空中花园
② 时光艺谷—再生花园
③ 云池梦谷—未来花园
④ 崖畔花谷—石鼓花园

# 2 | 科技创新与新技术应用

(1) 首次揭示了城市工矿区多要素耦合的空间重塑建构性机理，建立了城市工矿区多因子包容性感知及影响因素的理论模型，创建了城市微空间包容性设计理论，填补了国内该领域空白。

(2) 首创城市废矿区多尺度"新旧共生"设计方法体系；提出矿坑修复与"重生活化"，精品园林"文化转译"、工业遗产"轻重映衬"改造等策略与设计方法，解决了城市废矿区功能再生设计难题。

(3) 首次建立了城市废矿区工业遗存再利用目标下的从设计深化、评估鉴定、加固修复到景观营造的成套技术体系，解决了工业遗迹群艺术价值重生难题。

(4) 首创 350m 超长有机玻璃与镜面不锈钢伞状结构一体化技术体系，研发 21m 大直径组装式温控棚及有机玻璃本体恒温聚合技术，实现矿坑植物花园"天水一色"自然和谐效果，填补国内空白。

(5) 首次创建了中国经典园林意境创作与精品历史名园片段复原技术体系，研发出仿古阁楼钢木组合结构、30m 大高差仿古城墙构造、精品园艺景观成套施工技术等，实现了多元经典园林园艺的文化传承与现代工艺创新。

(6) 创建了城市矿区建造超大型园博园 EPC 总承包管理技术体系，研发了计划管控模块化管理、5G+AI 园博智慧平台、全过程数字孪生园博建设等技术，实现了项目高效管理和施工。

① 苏韵慧谷—城市展园雪景
② 苏韵慧谷—苏州园沧浪亭
③ 北安门—游客服务中心
④ 苏韵慧谷—镇江园多景楼
⑤ 苏韵慧谷—南京园景阳楼

# 嘉兴市文化艺术中心

| 推荐单位 | 浙江省土木建筑学会

西南角立面

## 1 工程概况

工程位于浙江省嘉兴市，占地面积 5 万 $m^2$，建筑面积 11 万 $m^2$，中心集湖畔之美、建筑之美、人文之美为一体，坐落在秀湖畔，坐拥秀湖水光和秀洲生态公园风光，生态环境优越。

工程在立面上通过八大幕墙系统完美展现红船造型，在平面上以幸福的三叶花布局三塔联建，集剧场、美术馆和图书馆等"六馆一厅"于一体，七大文化空间装修迥异。作为建党百年献礼工程，是首个集中华传统历史文化与中国红色革命精神的大型文化综合体，在沉浸式感悟"开天辟地，敢为人先"的红船精神内涵的同时，提升人民群众对美好生活的切身感受，对促进全市文化事业和

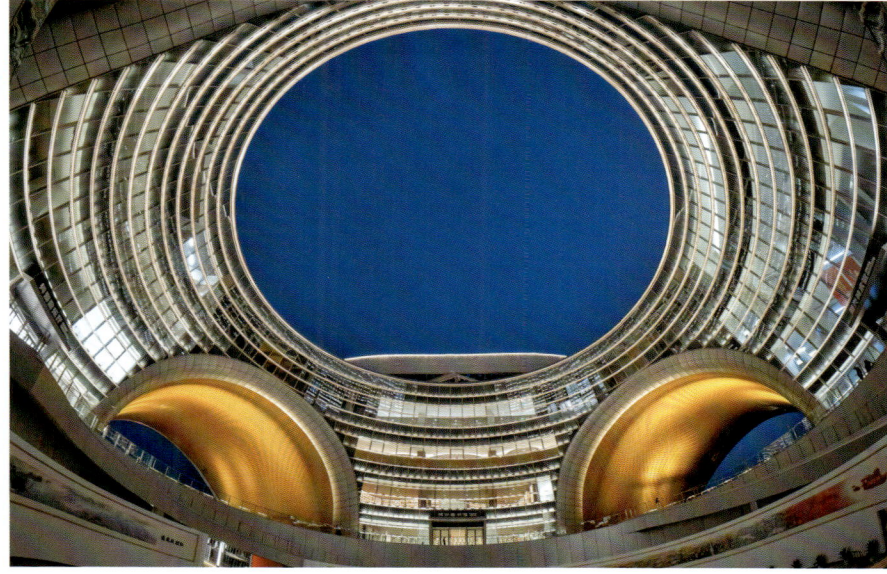

文化产业发展，更好地满足人民群众对优质文化资源的需求具有重要意义。

工程于 2019 年 8 月 21 日开工建设，2021 年 6 月 10 日竣工，总投资 11 亿元。

① 夜景图
② 开合屋盖打开
③ 开合屋盖半开
④ 开合屋盖关闭

## 2 | 科技创新与新技术应用

(1) 首创融合红船精神的文化建筑设计理念，以红船造型创新建筑立面，平面以三片花瓣为意向进行三塔联建，"六馆一厅"分层合建、叠合式布局，双环交通顺畅连接外扩型三塔，高效释放了建筑的使用空间。

(2) 创新性提出三塔连体结构连廊环箍技术。在5层通过桁架将三塔连为一体，协调塔楼间变形、增加结构整体抗侧刚度，最大程度发挥连廊环箍效应。

(3) 国际首次采用水平长悬臂开启方式，研发了折线异型悬挑轨道桁架、全隐藏收纳装置、开合双模式防水排水、5G智能控制与预警等特有技术，成功解决了21m长悬臂三翼式开合屋盖的建造难题。

(4) 研发了多塔异型钢结构快速建造技术，通过三维高精度控制测量、逆序高效穿插、63°倾斜钢结构支撑安装等新型技术，5个月完成钢结构安装。

(5) 完善七大文化空间装饰标准，通过复杂多曲率幕墙体系标准化分格、多幕墙系统适应性安装等精细化方法，研发异型空间墙顶一体化数字深化设计及工厂化安装技术，实现了工程文化传播的全面表达。

(6) 创新研发三塔式建筑绿色低碳技术，通过调整开合屋盖的"启、闭"和庭院空间组织关系，强化了整个建筑空间的通风、保温效果，优化建筑环境性能的同时实现节能减碳。

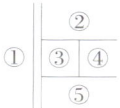

① 全景
② 连体桁架的环箍效应示意图
③ 音乐厅效果
④ 美术馆走廊效果
⑤ 图书馆大厅效果

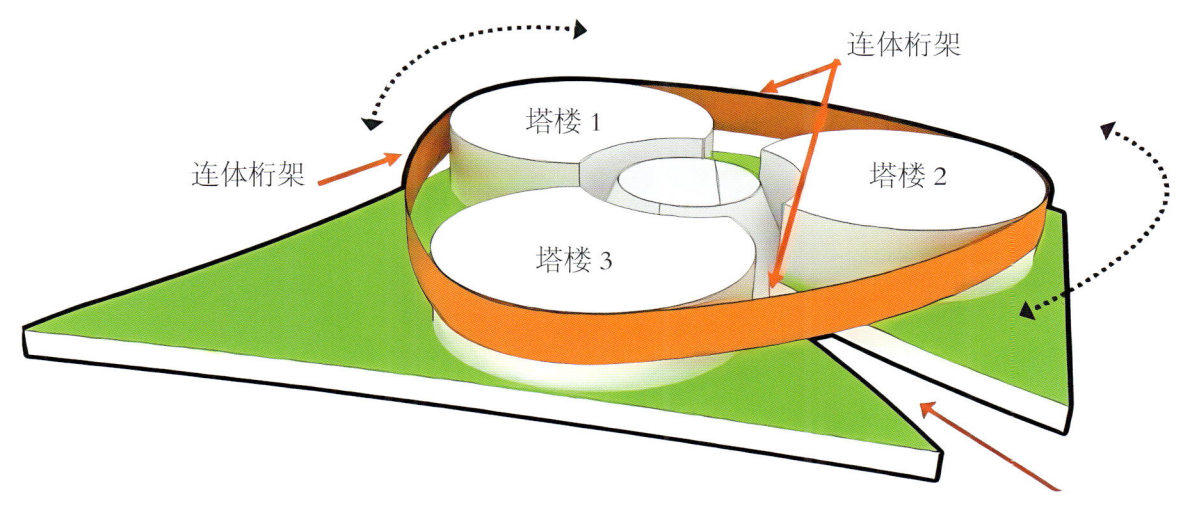

# 西安奥体中心

| 推荐单位 | 陕西省土木建筑学会

西安奥体中心中轴景观

# 1 | 工程概况

西安奥体中心位于西安市国际港务区，东望骊山、西临灞河，呈依山傍水之势，总建筑面积52万m²，由6万座体育场、1.8万座体育馆和4000座游泳跳水馆组成，是西北地区首个甲级特大型体育场馆群，也是我国中西部地区首次举办全运会的主场馆。项目借鉴中国传统轴线式建筑布局的美学价值，呈品字布局，中轴对称，通过室外道路与城市生态景观完美融合，以新发展理念打造了"双碳"标杆体育公园。

本项目为2023年世界泳联跳水世界杯、2021年第十四届全国运动会等赛事的举办地。现已累计参与大众健身11万人次，已成为引领全民康体健身的城市新地标。工程入选"克尔瑞2020～2021智慧园区标杆项目"及"2021年企业数字化转型典型场景"；其中体育场入选全球知名专业体育场数据网站StadiumDB"2020年度全球十佳体育场"，中国唯一上榜。获国内外众多媒体关注及好评，对于西安融入"一带一路"倡议具有重要意义。

工程于2017年10月开工建设，2020年6月竣工，总投资71亿元。

① 西安奥体中心全景
② 西安奥体中心室外景观
③ 体育场
④ 体育馆
⑤ 游泳跳水馆

# 2 | 科技创新与新技术应用

(1) 创新体育场馆建设与城市发展规划融合设计技术，突破体育场馆单一边界，集赛事举办、全民健身、体育旅游、休闲商业等各类功能深度融合，践行"双碳"战略，打造符合新发展理念的生态体育公园。

(2) 创新超大跨径复杂边界组合结构自平衡体系建造技术，通过研发连接节点形式，解决了主体育场334m跨度超长环向钢结构变形及应力释放难题。

(3) 创新复杂空间双曲冷弯穿孔铝板幕墙建造技术，解决穿孔铝板幕墙衔接处视觉突变难题，实现了双曲幕墙曲面顺滑。

(4) 创新异型清水混凝土结构建造技术，通过优化混凝土配合比，模板原位立体放样，解决了21.6m高V形外倾清水混凝土柱一次成型难题，开创了同类场馆超大型异型混凝土结构构件的设计施工先例。

(5) 首创5G智慧场馆建造运维技术，构建集"赛事服务、数据赋能、云数联动"高度一体化的数字体育服务新平台，打造了全球首个5G网络全覆盖的"4.0版"智慧体育场馆群，相关技术达到国际领先水平。

(6) 创新应用了满天星式水循环系统+7大水处理系统技术，在绿色低碳方面引入创新算法，采用轻量化、装配化、智能化的全生命周期绿色低碳运营理念，打造了"双碳"标杆场馆。

| ① | ② | ⑤ |
| ③ | ④ | ⑥ |

① 体育场清水混凝土V形柱
② 体育场双曲冷弯穿孔铝板幕墙
③ 游泳跳水馆水循环系统
④ 体育馆钢结构凹凸型节点
⑤ 西安奥体中心主体育场
⑥ 西安奥体中心夜景

# 苏州中心项目

| 推荐单位 | 江苏省土木建筑学会

全景

# 1 工程概况

工程位于苏州工业园区湖西 CBD 区域，总建筑面积 113 万 m²，其中地上 69 万 m²，地下 44 万 m²，是江苏省重点民生工程。塔楼最高 218.8m（56 层），地下最深 -27m（-4 层），整个地块分为南北两部分，包括高层塔楼七栋、大型商业建筑一座，为长三角城市群融合发展，提升中心城区首位度最具代表性的一站式城市中心。

工程汇集了国际最前沿的开发理念，打造了兼具"包容性"和"生命力"的"城市共生体"。它不同于传统的城市综合体形态，将建筑、市政、交通和城市景观融为一体，彰显出城市 CBD 多功能融合共生的有机属性。城市轨道交通 1 号线和 3 号线穿越地块而过，市政快速路直接进入地下空间，泄洪河道穿过建筑与金鸡湖相连，屋顶花园通过跨街天桥延伸直达金鸡湖畔的城市公园。所有地上建筑和地下空间整体开发，是"超大型城市共生体"的典范。

工程于 2012 年 5 月开工建设，2017 年 11 月竣工，总投资 180 亿元。

① 俯景
② 近景
③ "未来之翼"
④ 酒店门厅

# 2 | 科技创新与新技术应用

(1) 创新了一套"城市共生体"的开发设计理念：将建筑、市政、交通、城市等地下空间，通过 TOD 设施一体化、地上地下交通组织立体化、市政设施集约化、设备绿色节能化、运维智慧数字化等全方位统筹，填补了超大型城市共生体建设空白。

(2) 创新了一种立体交通疏导模式。国内首次成功实践将城市地下快速道路与项目车库环路直接联系，实现了核心区综合交通高效接驳。

(3) 研发了普通手机终端为基础的一体化定位导航系统。发明了一套复杂多点进出型地下道路车辆定位与导航技术设备，实现了低延时、高精度、高可靠性的复杂地下环境车行定位导航服务。

(4) 创新了多要素耦合作用下基坑群主动土压力计算方法，提出了太湖冲积相软土地区紧邻深大基坑群交叉地铁隧道开挖变形响应及其相互作用机理理论，经鉴定总体达到国际先进水平。

(5) 形成了一套临轨超大异型地下空间建造创新技术（超大深基坑分坑平衡技术、管廊预制吊装快速堆载补偿技术、超深三轴水泥土搅拌桩一杆到底（50m）止水技术、基础变刚度整体协调技术、软弱土层微变形数字化监测控制技术），经鉴定总体达到国际先进水平。

(6) 研创了一套超长异型单层曲面网格结构的综合建造技术（形态优化设计技术、全方位数字化性能分析技术、全过程数字建造模拟技术），解决了世界上最大的整体式异型自由曲面（展开长度630m）钢网格玻璃穹顶的建造难题。经鉴定达到国际领先水平。

(7) 研发了以数字技术与楼宇经济深度融合的"心云"运管平台，促进运营管理"三全"（全域感知、全程协同、全时联动）、"四化"（在线化、可视化、实时化、移动化），打造了数字楼宇经济示范标杆。

① || ②

① 跨街天桥
② 办公塔楼

# 华南理工大学广州国际校区一期工程

| 推荐单位 | 广东省土木建筑学会

## 1 工程概况

项目是由教育部、广东省、广州市与华南理工大学四方共建，是聚焦国家高质量发展的重大战略需求和军民融合战略，服务创新驱动发展，引领和支撑广东区域经济社会发展的重要举措。

项目位于广州市番禺区南村镇，总规划用地面积33.15万 $m^2$，建筑面积499855.6$m^2$，其中地上建筑面积411738.5$m^2$，地下建筑面积约88117.1$m^2$，工程分为八个地块，主要包括学院、研究院、网络中心、报告厅、宿舍、食堂、市政配套设施以及道路广场、绿化、综合管廊、公用工程等配套设施。

工程于2018年8月13日开工建设，2019年12月6日竣工，总投资59.029亿元。

华南理工大学广州国际校区一期工程全景

# 2 | 科技创新与新技术应用

(1) 传承创新了何镜堂院士"两观三性"的建筑理论。首创"关联设计"岭南建筑设计思想和"街区式校园""校区即社区"的设计理念，依托"十三五"国家重点课题，创立了绿色公共建筑设计的气候适应机理和方法。

(2) 国内首创再生混凝土装配式构件优化设计。首次将建筑废弃物应用于装配式预制墙板，发明了兼顾工作性能和耐久性的地聚物及纤维改性超早强再生骨料混凝土，实现了建筑废弃物的高附加值再生利用，达到国际先进水平。

(3) 国内首次利用城市信息模型（CIM）平台关键技术，实现BIM正向设计、施工、智慧校园建设的全数字化管理协同。

(4) 国内首次提出"智慧代建"概念，深度转化及践行智能建造技术，实现了数据与流程互联互通。

(5) 国内首创工业化建筑信息化智能建造技术，深入研究并系统应用装配式建筑信息化、预制构件全过程精准控制、装配式建筑新构件新节点等创新技术。

(6) 创新应用智慧校园运营管理系统，打造校区智能运营平台，建成智慧运维的现代高等学府。

(7) 首创粤港澳大湾区全产业链的装配式建筑建造技术体系，实现校区建筑装配结构、装配幕墙、装配装修、装配机电等全要素、全过程数字建造。

| ① | ② | ③ | ⑥ |
|---|---|---|---|
| ④ |   | ⑤ | ⑦ |

① 公共实验楼
② 广州智能工程研究院内庭
③ 生物医学科学与工程学院、生物医药与再生医学粤港澳联合研究院内庭
④ 吴贤铭智能工程学院中庭
⑤ 大数据与网络空间安全学院、材料基因工程创新中心中庭
⑥ 生物医学科学与工程学院、生物医药与再生医学粤港澳联合研究院外立面
⑦ 大数据与网络空间安全学院、材料基因工程创新中心全景

# 天津茱莉亚学院

| 推荐单位 | 中国冶金科工集团有限公司

## 1 工程概况

项目位于天津滨海新区于家堡金融区，其±0.000相当于大沽高程5.000m。总建筑面积4.5万m²，地下2层，地上6层，建筑高度38m。学院的147个声学空间均为房中房、盒中盒体系，演艺厅降噪等级NC15达世界之最，被誉为"弹簧上的音乐厅"。

项目是集教育、研究、演出于一体的国际艺术中心，由美国迪乐设计事务所和英国奥雅纳等12个国际设计团队，华东建筑设计研究院有限公司和上海章奎生声学工程顾问有限公司等9个国内设计团队，历经六年协同设计而成。

项目包括一个700座音乐厅，一个300座的演奏厅及一个250座的黑盒剧场，音乐厅、演奏厅采用了葡萄园式的看台设计，演艺厅混响时间可调范围长达1s，可调精度至毫秒。室内采用顶级声学材料精装设计，外檐为玻璃、GFRC、天然木纹板、气动采光顶等类型多样的幕墙体系。

天津茱莉亚学院是国内首个主体为全钢结构的音乐建筑，总用钢量1.3万t。单体最大悬挑30m，连廊最大跨度52.7m。通过五条悬浮连廊将四个不规则巨石状单体集合为一个整体，四个单体演艺厅均为下沉式结构。

工程于2017年2月28日开工建设，2020年7月30日竣工，总投资15.3亿元。

全景

# 2 科技创新与新技术应用

(1) 国内首次提出并运用了透明开放且高标准隔声、自然交融又高度集中的声学建筑设计理念。采用五条悬浮连廊将四个异型单体组合为一体的建筑风格,达到建筑美学与声学的完美统一。

(2) 创新了钢结构空间组合形式,单体与连廊间无缝连接,联合布设抗拔型隔振支座、屈曲约束支撑和调谐质量阻尼器,实现最大抗风与减隔振效果。

(3) 研发了竖向组装加工工艺,实现多分支复杂钢节点精确加工;创新了组合支撑法安装技术,解决了"房中房"内外核密集钢构施工相互干扰的难题。

(4) 针对高标准温湿度要求及声学指标,首次综合运用7种不同的空气调节方式。研发了工业级智能混水控制新技术,实现了中央空调能量梯级利用。

(5) 国内首创在声学吊顶下悬置"冷梁+辐射板+独立新风"的空气调节体系,实现了热湿比持续变化工况下温湿度的独立适时精确控制。

(6) 首次在国内音乐厅、演奏厅采用不对称座椅排布,设置多部位吸声幕帘,满足多场景使用功能且混响时间调幅达1s。

(7) 研发了基于整面墙板为开模单元的高精度控制技术,解决了不规则三角折板反声扩散墙面施工难题。

(8) 基于BIM的智能建造管理协同平台,运用三维数字化手段,研究开发了"施工方案全过程模拟及自动化跟踪检测"软件,实现了工程现场多方协作及信息化管理。

① 镜面水池效果
② 开放式首层大厅
③ 音乐厅
④ 西立面
⑤ 东立面夜景

073

# 武汉高世代薄膜晶体管液晶显示器件（TFT-LCD)生产线项目

| 推荐单位 | 湖北省土木建筑学会

## 1 工程概况

该工程位于武汉市临空港经济技术开发区，项目包含厂区和综合配套区，用地面积75.49万 m²，总建筑面积约142万 m²。主要生产65英寸和75英寸，分辨率8K和4K液晶显示面板，设计产能12万张/月，是湖北省单体投资规模最大的液晶显示项目，是全球技术最先进、规模最大、产能最高、尺寸最大的液晶显示器面板生产线。项目实现了中国自主知识产权显示屏的"全面突围"，使中国开始全面超越日本和韩国，成为面板行业领跑者，是全球半导体显示领域新里程碑。

厂区工程：占地面积65.49万 m²，包括3栋主厂房、1栋综合动力站、1栋废水处理站以及其他小栋号。

1号Array厂房建筑面积48.1万 m²，2号Cell/CF厂房建筑面积35.92 m²，3号Module厂房30.52万 m²，洁净室面积约90万 m²，洁净等级为百级局部十级。三栋主厂房均有防微振要求，防微振等级为VC-C或VC-B。生产区单层最大8万 m²，要求所有区域一次成型，平整度要求为2mm/2m。

配套区工程：占地面积10万 m²，包括9栋倒班宿舍、活动中心、餐厅等建筑。建筑面积10.74万 m²，建筑密度18.39%，容积率1.07。

自2019年12月量产以来，项目实现了快速爬坡满载生产，扩产后目前月产能已达18万张基板。2022年入列第六批国家绿色制造示范名单，获评国家级绿色工厂。项目的顺利投产推动了武汉高新科技的发展，拉动上下游产业就近投资，促进产业聚集、带动了区域经济增长，使武汉成为国内乃至全球显示领域产业链最完整、生产技术最先进、产能规模最大的城市之一。

工程于2018年5月8日开工建设，2019年11月4日竣工，总投资460亿元。

1号Array厂房

## 2 | 科技创新与新技术应用

(1) 全球最高世代线 TFT-LCD 厂房自主设计和施工，研发了高世代超大型电子工业厂房的智慧高效建造技术体系，打破了国外厂商垄断，是提高我国平板显示产业竞争力的重要战略举措。

(2) 首创基于"原位测试+仿真分析+试验验证"的微振动控制设计方法，确定了 TFT-LCD 生产环境的微振动控制标准和防微振控制系统解决方案，满足了工艺层 VC-C 的微振要求。计算分析结果与实测差异小于 20%，实现厂房运行后的快速爬坡量产和高良品率。

(3) 首创 FU+MAU+DCC 的新型空调系统，采用 Stoker EFU 自回风方式，创新提出 FFU 布置率从 25% 减少为 16% 的设计方案，减少 FFU 数量 2534 台，降低千万元设备投资及安装费用，低成本、高标准保证了超大面积洁净区百级、局部十级的高洁净度要求。

(4) 首创超高世代 TFT-LCD 工厂超纯水分质供水方案，在全球首创制订出适用第 10.5 代 TFT-LCD 的超纯水标准，提出 10.5 代线超纯水制备梯级处理系统和 LOOP 三管同程式管网布置，超纯水回用率不低于 70%，达到国际领先水平。

(5) 率先在国内超大尺寸气流复杂的洁净室实现 CFD 气流组织模拟及施工一体化联动，将设计、施工、检测有机结合，90 万 $m^2$ 洁净室完美实现高洁净度要求。

(6) 国内率先开展基于现场的钢筋工程工业化建造实践，自主开发钢筋 BIM 翻样辅助系统、钢筋 BIM 云管理系统等，实现了钢筋工程智能化翻样、集约化加工及信息化管控。

(7) 研发了智能分段编码等系列技术，在 BIM 驱动下实现智能化深化设计、数字化预制加工、智慧化物资管控、模块化装配安装、场景化综合模拟全过程智能施工，5 个月高质量完成 CUB 机电安装。

(8) 自主研发绿色-智慧建造云平台，实现了施工现场信息实时采集、数据分析及应用，推进了国内建筑信息化进程。

① 洁净室高架地板
② 项目全景
③ 室外连廊
④ 超长管架
⑤ 1号厂房屋面设备基础
⑥ 5号综合动力站屋面

# 北京永丰产业基地（新）C4、C5 公租房项目

| 推荐单位 | 中国土木工程学会住宅工程指导工作委员会

## 1 工程概况

项目位于北京市海淀区北部高新核心区，为以国际宜居住区新标准为高科技企业建设的规模最大的民生保障工程，是北京市绿色低碳创新技术最为领先的住宅建设试点项目。项目以国际可持续建设新理念探索住宅宜居建设新方向，系统攻关了规划设计、建筑体系、集成技术和施工工法等多维度关键技术，通过产业模式57项新技术新工法集成应用新成果，具有前瞻性、引领性、可复制性，其社会效益、经济效益和环境效益显著。

项目用地面积为11公顷，总建筑面积约32万$m^2$，其中地上建筑面积22.16万$m^2$，地下建筑面积10.38万$m^2$，建筑密度为23.78%，容积率为2.03，绿化率为30.5%，建筑高度为3~36m，机动车总停车位为1196个，其中地上停车位109个，地下停车位1087个，总户数3790户。

工程于2016年8月开工建设，于2019年2月竣工，工程总投资约12.84亿元。

北京永丰产业基地全景

## 2 | 科技创新与新技术应用

(1) 项目聚焦"住区与城市和谐共融与区域发展"课题，以开放社区新理念探索了城市宜居住区规划建设策略。

(2) 项目通过标准化设计全面实施了全周期适应可变性和功能精细化建筑创新设计，首次采用了公共租赁住房支撑体填充体建筑的新体系。

(3) 项目研发了公共租赁住房主体装配、内装修装配与管线分离的SI建造关键技术，基于建筑全寿命期节能减排建设目标，从设计、生产、施工、维护等产业链环节的集成创新，对促进公租房建设转型意义重大。

(4) 项目首次提出了公租房装配式部品体系，落地了部品集成技术、干作业系列工法和施工管理工序等关键技术。其整体卫浴、系统收纳和适老化部品集成技术，整体提高了工程质量和建造效率。

(5) 项目绿色低碳技术和智慧社区集成技术应用创新成果广泛，系统采用了新型系统外窗、太阳能系统、智能垃圾回收技术、智能灌溉和海绵城市系统等节能减排新技术，大量集成应用了环境监测平台、人脸识别技术和社区APP系统等智能新技术。

(6) 项目实施首次形成了公租房设计的部品化、装配化、运维化的产品整体技术解决方案，填补了国内公租房产业化整体技术应用空白。

(7) 项目对公租房运营维护技术进行了探索，实施了适老性能与维护改造性能等集成技术，响应了建筑可持续性发展理念，达到国内住宅建设领先水平。

(8) 项目形成国内领先的公租房建设交流与技术推广展示馆，其部品批量生产与供应方式，有效缩短了工期，节能减排效果显著。

| ① | |
|---|---|
| ② | ③ |
| ④ | ⑤ |

① 北京永丰产业基地全景图
② 开放式街区
③ 休闲小广场
④ 居室布局
⑤ 健身步道

# 深圳市长圳公共住房及其附属工程总承包（EPC）6~10栋

| 推荐单位 | 中国土木工程学会住宅工程指导工作委员会

① 鹅颈水碧道鸟瞰图
② 光侨路沿街远景图
③ 项目鸟瞰图

# 1 工程概况

深圳市长圳公共住房及其附属工程总承包（EPC）项目位于广东省深圳市光明区光侨路与科裕路交汇处东北侧，是深圳市建设管理模式改革创新（基于建筑师负责制的EPC总承包创新管理模式）试点项目，也是目前全国规模最大的装配式公共住房项目。项目总用地面积17.7万$m^2$，总建筑面积约115万$m^2$。项目由24栋塔楼、集中商业、公交首末站、幼儿园等一系列社区配套构成，为深圳人才提供了9672套高品质公共住房。

长圳项目以高度的使命感与责任感，综合应用绿色、智慧、科技的装配式建筑技术，营造"四好"住宅，即好看、好用、好维修、好更新，打造建设领域新时代践行发展新理念的城市建设新标杆。项目集成应用了11个国家重点研发项目共31项关键技术；完成19项科技成果评价，其中3项国际领先、7项国内领先、2项国内先进；获得了76项专利，含10项国际专利、12项国内发明专利；获批国家三大示范工程（住房和城乡建设部－智能建造试点工程、科技部－国家重点研发计划绿建专项综合示范工程、住房和城乡建设部－装配式建筑科技示范工程），并亮相国家"十三五"科技创新成就展。

项目于2018年6月15日开工建设，2022年9月30日竣工，总投资约58亿元。

① 光侨路沿街近景图
② 长圳生态活力绿廊
③ 滨河休闲庭院
④ 幼儿园实景
⑤ 社区夜景氛围图

# 2 | 科技创新与新技术应用

(1) 项目率先提出了工业化建筑系统集成设计理论与标准化设计方法，成果达到国际领先水平。将工业化建筑作为有机整体，由结构、围护、设备、内装四大系统构成，形成了工业化建筑系统研究框架及"四个标准化"的设计新方法，即平面标准化、立面标准化、构件标准化、部品标准化，以"无柱大空间"户型设计为驱动，通过"有限模块，无限生长"，实现 65m² 、80m² 套型户内无梁无柱，100m² 套型户内一道梁，150m² 套型户内仅两道梁，适应单身贵族、二人世界、三口之家、三代同堂等不同生活需求。套型模块采用全装配式装修，轻钢龙骨隔墙体系可更新重置，支持"菜单式"装修服务，满足未来全生命周期居住体验。

(2) 6栋住宅采用装配式钢和混凝土混合结构体系设计技术，成果达到国际领先水平。6栋住宅装配率高达 93.47%，综合指标达到国标 AAA 标准，在本原设计、建筑系统工程理论、钢和混凝土组合大框架结构、减隔震技术应用、一体化轻质外挂墙板、绿色施工、智能安全工地和绿色建筑技术等方面集成应用了国内多位院士的研究成果。塔楼采用主次结构，每层主结构内含3个次结构单元，设置屈曲约束支撑（BRB）和屈曲约束钢板剪力墙（BRW），做到大震不倒，小震可修，为钢混组合结构高层建筑提供了探索实践和建造经验。

(3) 项目自主研发工业化建筑数字建造平台，成果达到国际领先水平。平台系统性集成数字设计、智慧商务、智能工厂、智慧工地和智慧运维5个子系统，采用 BIM 技术打通了建筑设计、计价、招采、生产、施工以及运维全过程，实现了多方参与、协同联动的一体化管理，有效保障工程质量、切实提升施工效率。该技术与"建立基于 BIM 的标准化部品部件库""打造部品部件智能生产工厂""普及测量机器人及智能测量工具""推广应用部品部件生产机器人"共5项智能建造创新技术共同申报并入选第一批住房和城乡建设部智能建造可复制推广经验做法清单。

(4) 落实绿色建造策略，实现可持续发展。项目全面推广应用装配式建筑技术体系，以技术集成型的规模化生产，取代劳动密集型的手工生产，以工业化制品现场装配，取代现场湿作业模式，减少垃圾外运，提升了建造效率与材料利用率；在施工组织方面创新采用永临结合、市政先行及 N-20F 的竖向全专业穿插流水施工，有效缩短工期，降低能耗，实现装配式的绿色建造。

(5) 提升居住品质，打造高品质住宅。项目结合地铁长圳站，形成轨道交通、公交首末站以及商业的便民 TOD 模式；室外人车分流，通过乐跑环道连接被市政路分割的不同地块，同时形成全首层风雨廊；通过组团和色彩规划，让建筑单体便于识别，增加建筑识别度；住宅入户大堂、候梯厅、公共走廊均设置无障碍通行；带花池的预制阳台，将花槽封闭于户内，兼顾了安全性与美观性；对装修污染进行设计阶段的"预评价+预处理"，有效保障室内健康舒适；全周期数据集成在智慧维保系统，提升物业管理效率和房屋使用寿命。项目实现了从"住有所居"向"住有宜居"转变，通过人性化设计为百姓打造幸福生活"好房子"。

(6) 创新打造装配式景观园林社区。项目结合低冲击开发和海绵城市理念，沿河道布置了 8500m² 公共活动场地，小区内设置了 6000m² 的体育活动场地。自主研发景墙、台阶、坐凳以及种植池等 14 种装配式景观产品，在现场进行干式组合安装，搭建形成儿童游乐、老人活动、综合活动、社区出入口、植物花园和园路六大功能空间，营造老少皆宜的私家花园。项目打造出全国最大装配式景观社区，做到了系统多元、构件标准、施工高效、维护便捷，具有可借鉴性、可复制性。

(7) 响应国家号召，践行绿色低碳理念。项目建设了深圳市首个（小区）零碳光储直柔共享电动自行车试点，通过光伏发电为电动自行车供电，储能的电动自行车可为景观照明等直流末端供电。景观环境中的路灯、庭院灯和草坪灯等均采用智能直流集中供电系统，节电 60%。提升安全性能的同时，降低造价和维护成本。

# 西安曲江·玫瑰园

| 推荐单位 | 中国土木工程学会住宅工程指导工作委员会

西安曲江玫瑰园小区内全景

# 1 工程概况

西安曲江玫瑰园位于陕西省西安市曲江新区,是西北地区首个符合第四代住宅特征的绿色智慧小区。项目以"引领美好居住生活发展方向,建造广大群众普遍认可的好房子"为愿景,围绕绿色健康、智慧科技、全龄友好的目标,提出打造"国际化城市示范新区美好生活共同体"的核心理念,建设"文景相承、理想住宅、生态健康、居所智享"的百年绿色智慧小区,为西安市文化产业及区域经济的建设提供了有力支持,助推西安国家中心城市高速发展。

项目用地面积 2.56 公顷,总建筑面积 10.8 万 $m^2$,包括 4 栋剪力墙结构的高层住宅及 3 栋框架结构的多层配套用房。住宅总建筑面积 49514.57$m^2$,地下 3~5 层,高层住宅地上 12~18 层。小区容积率为 2.43,绿地率 38.0%,建筑密度 25%,共 137 套住宅,521 个地下停车位。

工程于 2012 年 8 月 20 日开工,2015 年 5 月 20 日竣工,总投资 8.3 亿元。

① ②
④
③

① 户内卧室精装修
② 户内客厅精装修
③ 一层共享交流区(架空层)
④ 小区内环境优美舒适

# 2 | 科技创新与新技术应用

**(1) 汉唐风貌、文景相承**

小区文化风格承袭汉唐文化风格，在规划布局、立面造型、环境风格、标志标识系统均做以文脉的延伸，景致与曲江池景区融合，创新出文景相承的现代住宅新模式，与周边环境相互映衬，形成重山叠影、绿水阁楼，实现住区、景区完美融合。

小区与周边建筑统一规划、布局均衡，共享多种公共设施；东南朝向、主导风向、日照充分。交通便捷，五分钟、十五分钟生活圈设施齐全完善。

**(2) 传承孝道、理想住宅**

创新"传承中华孝道，多代同住"的中式建筑户型设计新模式。以居家养老为核心，通过设计多个具有独立卫生间、阳台、衣帽间的全功能居室并采用多项适老适幼和智能化设施，实现了四世同堂家庭"聚而独立"的生活要求，前瞻性解决了我国人口老龄化带来的家庭养老问题。

户内南北通透、自然采光；构建商务会客、家庭聚会、居住私密、家务服务四中心布局，动静分区、互不干扰。电梯独立入户，设中央门厅，"访客、家务、居家"动线顺畅，客厅、餐厅宽敞明亮，厨房操作流线合理，卫生间干湿分离。装配式内装集成设计，精装交付，营造温馨舒适的理想住宅，实现"住有宜居"的品质要求。

**(3) 科技赋能、居所智享**

首创大高差地形条件下景观住宅建造技术，攻克不平坦场地建造难题，实现地下与地表空间高效利用。

首创西北半湿润半干旱地区生态小区绿色建造技术，推动海绵城市与绿色建筑应用。

创新装配式数字建造技术，采用多种工业化部件进行全屋定制，装配式精装交付，绿色低碳，品质卓越。

研发智能社区管理平台，集成智能家居、智慧安防、家政维保、健康监护、购物医养等一站式服务，构建居所智享智慧社区。

**(4) 景观环境、生态健康**

创新"一轴、两园、多心"布局的景观设计，以文化动线贯穿小区，融入寒窑爱情故事，尽享和睦家庭、尊老爱幼的舒心居所。

精选树种花卉，以乡土植物为主大量使用工厂化生产的苗木，并采用反季节栽植等方法，打造层次分明、四季有花、四季常青的生态景观，营造爱情美满、生活幸福、生态健康的宜居环境。

**(5) 创新攻关、引领发展**

创新建筑垃圾资源化利用产业链集成技术研究，发明建筑垃圾的精细化分离设备，率先实现产业化应用。研发高流态全再生骨料混凝土等新型环保材料，创建了建筑垃圾再生产品的标准体系，有力推动了陕西省及西北地区的无废城市建设。

创新高品质住宅小区建筑精益建造技术，自主研发框架柱成型模板用定型装置、现浇板后浇带及施工缝留置施工结构等多项新型建造技术，解决了多项施工难题，实现降本增效，为同类工程建造提供了可借鉴经验。

攻关复杂场地条件地下结构施工技术，应用多种支护结构组合，安全经济；研发"狭小空间钢管桁架单侧支模技术"，7m 高、246m 长地下室外墙一次浇筑成型并达到清水混凝土效果，实现节地、节材和地下空间的最大化利用。

# 青岛被动房住宅推广示范小区

| 推荐单位 | 中国土木工程学会住宅工程指导工作委员会

## 1　工程概况

青岛被动房住宅推广示范小区，位于青岛市西海岸新区中德生态园，项目紧邻园区发展中轴线，为综合服务中心、科技研发等区块提供商务居住配套建设，外部交通便捷，通过高速、跨海大桥、地铁实现与周边城市、城区的对接联通。项目集商业、休闲、生活等于一体，是山东省超低能耗、低碳建设、居住品质提升先行先试建设的绿色生态社区。

项目用地面积 37559m²，总建筑面积 70226.28m²，包括 18 栋被动式超低能耗住宅及配套商业服务网点。地下 1 层，地上 2～6 层，最大建筑高度 21.6m。小区容积率为 1.2，绿地率 35.3%，建筑密度 25%，共 247 套，地下停车位 295 个。

工程于 2017 年 5 月 22 日开工，2019 年 12 月 19 日竣工，总投资 5 亿元。

青岛被动房住宅推广示范小区项目全景

# 2 | 科技创新与新技术应用

### (1) 建筑环境和谐共生，生态宜居

项目采用"低碳、节能、健康、舒适"的建筑理念，立面造型简洁，平面布置合理，全明户型南北通透，功能空间宽敞明亮。社区景观融入绿色低碳、海绵城市等设计理念，充分利用北高南低的地形高差，形成南北向景观轴线，东西向绿化体系，将科技、景观与建筑柔美结合，形成风格独特的智慧生态景观社区。

### (2) 国际国内双标融合，节能低碳

工程执行德国 PHI 被动式建筑认证标准和现行国家标准《绿色建筑评价标准》GB/T 50378。通过高标准无热桥结构和气密层的围护结构设计与施工、高性能的外窗、外保温和高效热回收的新风系统，最大程度降低供暖供冷需求，实现极低能耗、低排放与高舒适度。

### (3) 科研示范双轮驱动，引领发展

项目参与国家"十三五"子课题研发，"无热桥施工标准化工艺及质量控制研究"集成了外墙保温、穿墙套管、门窗、遮阳、屋面等标准化工艺，填补了无热桥施工实践空白。"近零能耗公共建筑设备、部品施工增量成本研究"形成了适用产品应用实践，两项课题顺利通过课题验收，项目荣获国家"十三五"重点研发计划科技示范工程，为超低能耗建筑科技创新与行业发展起到了示范引领作用。

### (4) 认证奖项相辅相成，成果优异

项目 18 栋建筑单体均获得德国 PHI 认证，依托超低能耗建筑成熟技术和应用实践，作为第一参编单位为国家标准《近零能耗建筑技术标准》GB/T 51350 提供了技术支撑。基于复杂气候条件工程实践，标准首次提出中国超低能耗建筑定义和技术指标体系，系统提出超低能耗建筑设计、施工、检测、评估方法，获得了 2020 年华夏科学技术奖励委员会华夏建设科学技术奖二等奖，形成的《超低能耗建筑技术体系研究与示范》获得北京市人民政府北京市科学技术奖二等奖。

### (5) 功能品质全面提升，业主满意

小区配建社区服务中心、邻里广场、溪水花园等活动空间，老年人、儿童活动设施齐备，地源热泵、太阳能光伏发电、外遮阳、新风热回收、雨水收集等系统节约能源资源，工程交付使用四年多来，结构安全可靠，各系统运行稳定，建筑恒温、恒湿、恒氧、恒洁、恒静，社会各界对"好房子、好小区"总体满意度极高。

① 正立面图
② 中心公园
③ 景观绿脉
④ 超低能耗技创新工艺样板

# 昌赣客专赣州赣江特大桥

| 推荐单位 | 中国铁道建筑集团有限公司

昌赣客专赣州赣江特大桥主桥

## 1 工程概况

新建南昌至赣州铁路客运专线（简称"昌赣客专"）是国家"八纵八横"高速铁路网京港（台）通道的重要组成部分，赣州赣江特大桥是昌赣客专控制性工程，桥梁全长2155.64m，主桥桥位位于章水、贡江两江汇合口下游1.9km，距既有赣江公路大桥1.1km。

主桥采用（35+40+60+300+60+40+35）m斜拉桥跨越赣江，主梁采用箱形钢-混组合梁，桥塔采用人字形混凝土塔，桥上铺设CRTS Ⅲ板式无砟轨道，是世界上首座铺设无砟轨道并通行时速350km高速列车的斜拉桥。

工程于2015年11月开工建设，2019年12月竣工，总投资4.35亿元。

## 2 科技创新与新技术应用

(1) 创建了大跨度斜拉桥-无砟轨道一体化设计理论及结构体系。建立了桥-轨一体化受力与变形分析方法；研发了整体结构、斜拉索间梁段、桥面板等多维刚度大的新型主梁结构，提出了跟随性优良的新型无砟轨道结构，实现了无砟轨道-大跨桥梁间高度协调受力与变形跟随，建成了当时世界上最大跨度高铁无砟轨道桥梁。

(2) 构建了高铁大跨无砟轨道桥梁设计与验收技术标准。提出了以曲率半径评价桥梁刚度的设计标准；创建了"60m弦测法"轨道形位长波平顺性验收方法及"矢度值高低7mm、轨向6mm"的验收标准；填补了该领域设计、验收技术标准的空白。

(3) 研发了大跨柔性桥上无砟轨道高精度铺设成套技术。发明了大跨桥上精测网测点布设及坐标实时修正技术，发明了无砟轨道多层分级调控铺设技术，突破了大跨度柔性桥上无砟轨道毫米级精度铺设的技术瓶颈。

(4) 建立了全寿命周期桥-轨一体化监测与服役状态评估体系。创建了基于静、动态阈值的安全预警系统，实现了桥-轨系统服役状态的长期预测及实时多级预警，编制了《大跨度铁路桥梁与轨道健康监测系统技术规程》。

(5) 研发了复杂环境下桥梁基础施工关键技术。发明了深水浅覆盖层斜岩条件下"锁扣钢管桩+钢筋混凝土组合桩"围堰施工工法，提出了高温环境下大体积哑铃形承台混凝土一次成型工艺，安全高效、经济合理地解决了复杂环境下桥梁基础的施工难题。

① 主桥与和谐钟塔同框
② 人字形桥塔与青山绿水
③ 主桥与远处城市同框
④ 引桥鸟瞰图

# 海南铺前大桥（海文大桥）

**推荐单位** | 中国土木工程学会桥梁及结构工程分会

海南铺前大桥（海文大桥）高空全景图

# 1 | 工程概况

海南铺前大桥（海文大桥）跨越海南岛东北部的铺前湾，连接海口市和文昌市，是国内首座跨越活动断层的跨海大桥，建设时设计地震动峰值加速度国内最高、设计基本风速国内最大，是我国最具挑战性的跨海桥梁建设项目之一。项目全长 13.551km，其中跨海大桥长 3.959km，桥头引线长 1.638km，连接线长 7.954km，双向六车道，通航主桥桥长 460m，采用（230+230）m 独塔斜拉桥，主塔为"文"字形钢筋混凝土结构，塔高 151.8m。

对于地震带上的大桥，结构设计中特有的"熔断"机制是防震关键。铺前大桥最终采用的是小跨简支梁桥跨断裂带、大跨独塔斜拉桥避让断层跨越航道的设计方案。其中，跨断裂带梁桥就类似于家庭电路中的"保险丝"，一旦发生地震，将损失跨越断裂带的梁桥来保证主桥的安全。除此之外，为了应对断层错动引发梁体掉落的极端事件，大桥在设计中为跨断裂带引桥专门设置了备用梁，在跨断层桥跨发生破坏时，可以进行快速更换。备用梁采用可快速拼装的贝雷梁，平时用于区域内的快速抢险，震时可用于大桥的快速抢修。项目设计成果荣获 2020 年度湖北勘察设计协会一等成果、2020 年度中国交建优秀设计奖、2022 年度中国施工企业管理协会工程建设项目设计水平评价一等成果、2022 年度中国公路勘察设计协会优秀勘察设计一等奖。

海南铺前大桥毗邻东寨港国家级红树林保护区，环保要求高。项目大力开展"施工标准化"和"平安工地"建设，积极推广"四新技术"和"绿色建造"理念。采用变梁高变跨径移动模架施工，节约能耗和材料；采用护栏灯照明，减少光污染；钻渣和泥浆采用驳船运送到指定位置集中处理；聘请专业机构全方位、立体地监测整个大桥施工过程对周边海洋的影响，在道路与红树林保护区设置隔离栅，减少对环境影响的风险。

工程建设中实现 1253 天安全、质量、生态环保零事故。2021 年海南铺前大桥成功获得交通运输部公路水运建设项目"平安工程"冠名。

工程于 2015 年 10 月开工建设，2021 年 10 月竣工，总投资 26.7 亿元。

① 海南铺前大桥（海文大桥）全景图
② 海南铺前大桥（海文大桥）低空全景图

101

# 2 科技创新与新技术应用

由于地形限制和线路规划，使得大桥不得不面临地震高烈度区近断层、跨断层安全性问题。建设团队突破现有抗震规范和设计思维，开展了18项专题、7项科学研究，使原本不可能建设的工程变成可能，取得了一系列原创性成果，主要有：

(1) 通过项目顶层设计，首次采用了PMC项目管理新模式，开展了系列的科技攻关，攻克了地震高烈度区近断层、跨断层大错位变形桥梁结构安全性难题。

(2) 研究提出了近、跨断层地震动模拟方法，为桥梁抗震设计提供合理的地震动输入参数。

(3) 借鉴"保险丝"理念，研究提出强震区近、跨断层桥梁设计方法；创新提出并建立了跨断层桥梁三向可调抗震体系。

(4) 首次进行了跨断层1:10简支桥、近断层1:20独塔斜拉桥振动台试验，揭示了近、跨断层桥梁地震损伤破坏模式，验证了所提出的抗震设计方法和减震措施的有效性。

(5) 率先建立了考虑抖振力跨向不完全相关效应的桥梁断面六分量气动导纳识别自谱-交叉谱综合最小二乘法，创新性采用多台微型动态天平测试同步测力风洞试验方法。

(6) 首次建立地震-结构综合监测系统。

科技成果荣获省部级科技进步特等奖2项、一等奖2项，授权专利43项，省部级工法8项，软件著作权4项，发表论文69篇，编写专著2本、指南及修编建议书4项。研究成果获得院士的高度评价，多项成果达到国际领先水平，为国内外类似桥梁建设提供实际指导意义，对于跨越活动断裂带桥梁建设提出关键性的可借鉴的技术支撑，研究成果推广应用前景广阔，发展潜力大。

① 主桥施工俯瞰图
② 跨断层桥梁三向可调抗震体系
③ 近断层主桥振动台试验
④ 跨断层引桥振动台试验
⑤ 大悬臂钢箱梁吊装施工
⑥ 全桥风洞试验
⑦ 桥面风环境大比例风洞试验

# 新建福州至平潭铁路
# 平潭海峡公铁大桥

| 推荐单位 | 中国土木工程学会桥梁及结构工程分会

平潭海峡公铁大桥鸟瞰图

① 大小练岛水道桥辅助跨整孔架设
② 铁路单建段海上造桥机箱梁施工
③ 北东口水道桥混凝土箱梁挂篮悬臂施工
④ 平潭海峡公铁大桥全景图
⑤ 平潭海峡公铁大桥施工全景

# 1 工程概况

平潭海峡公铁大桥是新建福州至平潭铁路、长乐至平潭高速公路的关键性控制工程，福州将与平潭形成半小时生活圈和经济圈。大桥下层为时速200km的双线I级铁路，上层为时速100km的六车道高速公路。

平潭海峡公铁大桥为我国第一座公铁两用跨海桥梁，全长16.34km，大桥通航孔由元洪航道主跨532m钢桁梁斜拉桥、鼓屿门水道主跨364m钢桁梁斜拉桥、大小练岛水道主跨336m钢桁梁斜拉桥和北东口水道主跨2×168m连续刚构桥组成，其他非通航孔桥根据墩高、水深及地质条件分别采用跨度80m和88m的简支钢桁结合梁以及跨度64m、48m和40m的混凝土梁。

工程于2013年11月开工建设，2020年12月竣工，总投资161.57亿元。

# 2 科技创新与新技术应用

**(1) 创新了复杂海域公铁大桥施工关键技术**

研发了强波流力、深水和裸岩海域导管架施工平台、超大直径钻孔桩、防撞箱围堰施工技术、钢桁梁全焊制造及架设技术，解决了深水、裸岩、大风和大波浪力海峡桥梁建造难题，形成了海上公铁合建桥梁施工成套技术。

**(2) 研发了海上公铁合建桥梁大型施工装备及配套工法**

研制了KTY5000新型液压动力头旋转钻机、全封闭抗风智能液压爬模、吊高110m吊重3600t的大型变幅起重船、1100t智能架梁起重机、双孔连做节段拼装造桥机等新型海洋施工装备。

**(3) 建立了复杂海域公铁大桥建设标准**

提出了桥址风、浪、流场的监测及预报方法，建立了复杂海域桥梁施工作业标准，制定了系列技术措施，大幅提高施工现场可作业时长和工效。

**(4) 研发了复杂海域公铁大桥新体系**

创新了直径4.9m超大直径钻孔桩基础、80（88）m全焊整孔简支钢桁梁、斜拉桥全焊两节间整节段钢桁梁等新结构，研发了公铁全桥双层风屏障技术及健康监测技术，可满足桥上与陆地相同行车条件，为大桥建造及安全运营提供了技术保障。

① 元洪航道桥钢桁梁中跨合龙
② 恶劣海况冲击主墩围堰
③ 平潭海峡公铁大桥首孔斜拉桥钢桁梁大节段架设
④ 平潭海峡公铁大桥海上大直径桩钻孔施工

# 宁波梅山春晓大桥（梅山红桥）工程

推荐单位 | 上海土木工程学会

# 1 工程概况

宁波梅山春晓大桥是连接梅山岛与北仑区的特大型跨海桥梁工程，为主跨 336m 中承式双层钢桁拱桥，是世界首座大跨度下层纵移开启式桥梁。

为满足大型海轮低频次避台风通航需求和两岸接线要求，首次采用了人车上下分离、下层纵移开启的创新设计。大桥跨中 108m 范围下层桥架可纵移打开，满足 16m 净高大型船舶通行，日常闭合时中跨 300m 宽度范围可满足 9m 净高游艇全天候通行。

工程荣获国际菲迪克奖、鲁班奖、浙江省科技进步奖及中国公路学会科技进步一等奖、全国优秀设计一等奖等 10 余项省部级以上奖项。

工程于 2014 年 1 月开工建设，2020 年 5 月竣工，总投资 9.45 亿元。

# 2 科技创新与新技术应用

(1) 首创了大跨度下层悬挂纵移开启式桥梁结构，建立了开启变形适应性标准。

研发了纵移开启桥变形适应性技术，建立了开启变形适应性标准，破解了桥梁厘米级安装误差情况下纵移轨道毫米级精度控制的难题，实现了不中断车行交通情况下的安全平稳开启，解决了现有的平转、竖转、垂直提升开启桥开启宽度小且需中断车行交通的弊端。

(2) 首次研发了悬挂纵移开启系统，构建了多点悬挂导向、楔块刚性锁定及重载多点同步传动机构。

发明了基于机械液压混合蓄能的悬挂导向结构，解决了开启过程及运营活载变位下悬挂机构均匀承载和变形适应性难题。发明了基于楔形几何原理的刚性锁定机构，实现了实时快速锁定和承载切换，解决了移动桥架承载和安全锁定难题。研发了重载同步链传动机构，实现了驱动系统高差浮动自适应调节和多点驱动的同步控制。

(3) 首次开发了基于数字技术的钢桁拱设计、制造和安装成套技术。

应用了三维数字化预拼装和整体节段模块化制造技术，实现了环缝拼接及节段预拼的偏差校正，对位精度控制在 2mm，攻克了钢结构制造安装与开启机械系统高精度匹配的技术难题。

项目取得授权发明专利 12 项，经专家鉴定，悬挂纵移开启关键技术达到国际领先水平。建成后的大桥造型美观、气势宏伟，开启运营安全平稳，开创了我国大跨度开启桥梁的新领域，赢得了社会广泛赞誉。

① 跨中主拱节段吊装
② 开启状态立面图
③ 纵移伸缩示意图
④ 主拱模块化拼装
⑤ 下层慢行系统

# 长安街西延（古城大街—三石路）道路工程新首钢大桥

| 推荐单位 | 中国土木工程学会工程数字化分会

新首钢大桥全景

# 1 | 工程概况

新首钢大桥位于北京长安街西延线上，上跨永定河。主桥采用五跨高、低双塔斜拉刚构组合钢桥体系，构想来自两位互蹬拔河的健儿，后面辅以小童拉力为帮手，配以源自古典大、小城门的索塔横向造型，是为"和力之门"。

新首钢大桥突出首都的政治、文化功能，展示城市历史与现代魅力，与城市协调、自然融合，是中国城市桥梁标志工程，代表新时代大国首都城市基础设施建设水平的精品力作。

大桥全长1354m，主桥全长639m，主跨280m，标准宽度47m，最宽处54.9m。结构体系采用斜拉和刚构组合体系。索塔采用倾斜门式钢塔，拱形造型，双塔肢为空间迈步形式，间距为25.1m，高塔高123.78m，重约9850t，南北塔肢倾斜角分别为71.8°和62.0°；矮塔高76.50m，重约5770t，南北塔肢倾斜角分别为59.0°和74.7°。主梁采用变截面分离式双主梁形式，梁高由两塔根处10m渐变为跨中3m；拉索采用竖琴式渐变距离布置。

工程于2016年5月开工建设，2019年9月竣工，总投资11亿元。

① 大桥远景
② 桥塔近景
③ 塔肢造型
④ 远景夜景

# 2 | 科技创新与新技术应用

(1) 研发了空间弯扭钢塔斜拉刚构组合体系桥梁结构设计关键技术，包括组合体系设计、变形协调控制方法、抗震设计方法、风雨振关键技术，实现了倾斜钢塔、斜交主梁扭转位移、索力、索点配重的协同控制。

(2) 研发了带肋变曲率板稳定设计方法和变曲率板可展开成型的设计优化方法，包括带肋变曲率板稳定设计方法及弹塑性屈曲试验和变曲率板可展开成型的设计方法，解决了弯扭节段构造基准与安装精度预控难题。

(3) 研发了复杂钢桥三维数字化正向设计方法，包括复杂曲面钢塔设计及其辅助架设控制、复杂节点正向设计和数字模型与有限元模型互通。

(4) 研发了带肋变曲率曲板和超大变截面弯扭节段高精度制造技术，包括带肋变曲率曲板自适应成型及超大变截面弯扭节段制造工艺、超厚钢板全熔透及关键部位自动化焊接、带肋变曲率曲板及弯扭节段几何质量数字检测。

(5) 研发了钢塔分段架设间隔悬拼超高支架技术及塔-架刚度匹配与线型控制方法，包括塔-架匹配超高支架技术、非一致倾斜索塔卸载、索力施调和塔梁协同控制技术。

(6) 研发了超大变截面弯扭节段轴线寻优匹配理论及几何形态精确匹配方法，包括耦合重力变形轴线寻优虚拟安装精度管控技术、合龙段-合龙口几何形态精确匹配方法、大型弯扭钢塔节段安装位姿精确调整关键技术、变截面弯扭节段架设精密测量及快速定位技术。

(7) 研发了首段钢塔高精度安装控制技术，包括首段索塔群孔群锚套穿精确就位及超大承压板薄层注浆技术、复杂锚固结构精确安装施工与控制方法。

① ②③
　④⑤

① 大桥夜景
② 桥梁架设
③ 高塔合龙
④ 桥塔造型
⑤ 桥上落日

# 拉萨至林芝铁路

| 推荐单位 | 中国铁道工程建设协会

# 1 工程概况

该工程位于西藏自治区东南部,地处冈底斯山与喜马拉雅山之间的藏南谷地。线路起于拉日铁路协荣站,向东经贡嘎、扎囊、泽当、桑日、加查、朗县、米林至林芝,线路全长435.5km,为国铁I级、单线、电气化铁路,设计行车速度160km/h。全线新建车站34座,桥隧总长301.1km,桥隧比74.7%。其中,桥梁121座84.6km,占比21.0%;隧道47座216.5km,占比53.7%。

该工程是川藏铁路的先行先试段,是川藏、滇藏和西宁至昌都铁路的共线段,是贯彻新时代党的治藏方略的富民兴藏"新天路",是西藏自治区的"经济线、团结线、生态线、幸福线",具有十分重要的战略地位。该项目的建成历史性实现了复兴号对31个省区市的全覆盖。

该工程约90%位于海拔3000m以上,相对高差达2500m。沿线山高谷深、构造复杂、地灾频发、生态脆弱、气候恶劣,工程建设极具挑战。创新勘察技术和选线理论,攻克高原强岩爆、高岩温、冰碛层隧道建设难题,建成主跨430m的世界最大跨度铁路钢管混凝土拱桥,创建高原复杂环境电气化铁路技术体系,解决高原高寒地区生态修复难题,取得了大批创新成果,积累了丰富建设经验,为川藏、新藏、滇藏等复杂高原铁路的规划建设提供了有力借鉴和坚实支撑。

拉萨至林芝铁路先期开工段于2014年底开工,2015年6月全线开工建设;2021年6月25日正式通车运营,总投资364.8亿元。

① 接触网工程施工
② 复兴号动车组运行在桑加峡谷
③ 运行中的复兴号内电双源动车组
④ 藏木雅鲁藏布江特大桥
⑤ 施工中的贡嘎雅鲁藏布江特大桥

## 2 | 科技创新与新技术应用

(1) 创新板块缝合带勘察技术手段，丰富防灾减灾选线理论。创新应用"空天地一体化"勘察新技术，全面揭示雅鲁藏布江缝合带工程特性。结合地质条件、重大工程选址与梯级水电开发，建立多目标综合评价模型，创建高原板块缝合带防灾减灾选线理论。

(2) 全面攻克高原强岩爆、高岩温、冰碛层隧道建设难题。创建板块缝合带岩爆隧道安全建造技术，保障地应力55MPa、埋深2000m级（2080m）岩爆隧道建成。构建围岩温度场预测方法，创新综合降温及安全防护技术，成功解决超高岩温（89.3℃）隧道建设难题。创新冰碛层围岩亚分级方法，构建三维立体支护体系，确保千米级（960m）连续冰碛层隧道施工安全。

(3) 创建高原峡谷区桥梁建造及防灾减灾关键技术。创新16次跨越雅鲁藏布江大跨度桥梁合理结构体系，构建高烈度区桥梁抗震、防泥石流冲刷等防灾减灾关键技术。建成了世界最大跨度铁路钢管混凝土拱桥——主跨430m的藏木雅鲁藏布江大桥，是我国首次采用免涂装耐候钢的铁路桥，多项指标创世界第一。

(4) 创建高原复杂环境电气化铁路技术体系。提出海拔4000m级电气绝缘修正方法，攻克极寒、大温差、峡谷风等技术难题，创建高原牵引供电系统抗震技术体系。首次在青藏高原建成内电双源动车整备、检修体系，填补高原内电双源动车检修技术空白。

(5) 坚持绿色低碳理念，破解高原生态修复难题。创新采用被动式太阳能等关键技术，全面提升高原绿色低碳建造水平。创建改良受损生态创面基底，研发高寒地区智能精准滴灌系统，成功解决高原高寒地区生态修复难题。

# 新建北京至雄安新区城际铁路

| 推荐单位 | 中国铁道工程建设协会

雄安站

# 1 | 工程概况

新建北京至雄安新区城际铁路起自既有京九线李营站，向南经北京大兴区、北京新机场、河北省廊坊市固安县、永清县和霸州市，终到雄安新区雄安站，其间与廊涿城际、京石城际、津保铁路联络，正线预留延伸至商丘方向。线路全长 92.783km，新设北京大兴站、大兴机场站、固安东站、霸州北站、雄安站 5 座车站。新建北京至雄安新区城际铁路是国内首次全线、全过程、全专业运用 BIM 技术设计的智能高速铁路，是我国高铁技术成果应用集成平台，探索形成了智能高铁建造新标准体系。

新建北京至雄安新区城际铁路是承载千年大计运输任务、支撑国家战略的重要干线，开通运营后北京西到雄安的时间最短约 50min，不仅对完善京津冀区域路网布局、构建快速立体式交通体系有重要意义，还将对推动京津冀协同发展和支撑雄安新区建设产生深远的影响。

工程于 2018 年 2 月开工建设，2020 年 12 月竣工，总投资 335.3 亿元。

① 全封闭声屏障
② 雄安站三维曲面清水混凝土
③ "凤栖梧桐"文化艺术墙
④ 雄安站装配式站台吸声墙
⑤ 雄安站光廊

## 2 | 科技创新与新技术应用

(1) 建立了基于"三全一体"的城市群环境下高速铁路绿色智能建造模式，创立了"设计-施工-运维"为一体的高速铁路绿色智能建造方法，形成了城市群环境下高速铁路绿色智能建造体系，关键技术达到国际领先水平。

(2) 首创时速350km高速铁路预制梁桥桩基、桥墩与桥面附属结构成套装配式设计施工建造技术体系。创新了黏土夹砂层地质条件下大直径管桩建造技术，首创高速铁路桥墩大节段预制拼装建造技术，系统提出了整体装配式桥面附属结构建造方案。

(3) 揭示了桥梁全封闭声屏障在时速350km时的噪声变化规律，提出了全封闭声屏障一体化新型结构形式，首创全封闭声屏障关键技术达到国际领先水平，实现了时速350km高速铁路降噪技术的重大突破。

(4) 跨廊涿高速公路主跨128m转体，是我国高速铁路最大跨度墩顶转体连续梁、铁路行业首例不平衡转体连续梁，创新采用了"不平衡长悬臂下滑道墩顶转体"技术。

(5) 大兴机场隧道开展了基于区域沉降条件下高速铁路隧道全生命周期形位感测关键技术研究与应用，突破了制约高铁隧道穿越地面区域沉降严重发育区的技术瓶颈，创新了服役期区域地层沉降和隧道响应变化的实时监测方法和手段。

(6) 雄安站贯彻站城融合理念，首创了"建构一体化"三维曲面清水混凝土技术，创新了站城一体化、全方位、多角度绿色节能技术，集成了智慧客站关键技术，形成了绿色效应驱动下的大型客站智能建造成套技术。

(7) 首创了基于能量互馈与信号畸变的高铁路基压实振动连续检测指标（CEV）、检测设备、控制标准和验收方法；建立了新一代高速铁路接触网机械与自动化成套智能建造技术。

① 智能铺轨
② 智能腕臂安装
③ 北京大兴站
④ 京雄城际铁路黄固特大桥跨经开高速钢箱拱
⑤ 半地下牵引变电所
⑥ 智能巡检机器人
⑦ 装配式桥墩安装

# 新建商丘至合肥至杭州铁路

| 推荐单位 | 中国铁道工程建设协会

商合杭铁路芜湖公铁长江大桥

# 1 工程概况

商合杭铁路位于河南、安徽和浙江三省境内，是我国"八纵八横"高铁骨干网京港（台）和京沪通道的重要组成部分，是沪皖浙与中原、西北和华北南部间客运主通道，是华东地区南北向第二高铁通道，设计速度350km/h。正线运营全长794.86km，新建线路长618.33km，联络线长24.29km；正线设路基87.01km，桥梁144座521.93km，隧道6座9.40km，正线桥隧比85.93%；全线设车站29座，其中新建站16座，改扩建车站6座，利用既有车站7座。

商合杭铁路芜湖长江公铁大桥主跨588m，是目前世界上跨度最大的高低矮塔公铁两用斜拉桥；裕溪河特大桥主跨324m，是目前世界上跨度最大的无砟轨道高速铁路桥梁；是国内首次采用钢筋混凝土防护棚洞下穿特高压输电线路群的示范项目；是高铁集成创新和高标准开通的标杆。

项目建设实现了繁忙干线客货分线运输，解决了既有铁路通道运输能力不足的问题，极大缩短了中原、西北、华北与皖中南、浙北等地区间的时空距离，旅行时间由11h压缩至3h，对发挥长三角地区经济辐射和带动作用，推进东中西部互联互补，实现区域协调可持续发展具有重要作用，社会、经济和环境效益显著。项目全部投资税后内部收益108.7亿元，收益率为3.6%，累计国民经济净现值246.2亿元。

工程于2015年11月开工建设，2020年6月竣工，总投资816.12亿元。

① 淮河特大桥主桥（228m连续刚构桥）
② 淮南南站房
③ 裕溪河特大桥324m大跨桥上无砟轨道
④ 商合杭铁路线上工程实景

# 2 科技创新与新技术应用

(1) 首次实现了多维多因素多目标的综合智能选线技术。提出"学习－探索－完善"智能选线技术，建立多维多因素多目标数据融合线路优化模型，通过迭代优化，实现了精准选线。

(2) 创新了现代铁路枢纽集群规划设计技术。构建了铁路枢纽集群的规划设计方法，建立了合淮巢和芜宣杭枢纽集群，实现了"一线多点引入枢纽"的理念，解决了100余对客车"X"交叉及50余对客车折角运输问题，减少了约40km联络线工程。

(3) 突破了复杂环境基础设施350km/h通行的关键技术。研发了300m级大跨度柔性桥梁线型动态变化下无砟轨道实时修正技术，解决了大跨度桥上铺设无砟轨道350km/h通行的世界级难题；研制了泡沫轻质土路基建造技术，攻克了临近既有高铁施工限速通行的难题；创建了高铁防护棚洞技术，国际上首次应用于高铁下穿800～1000kV特高压群，成果由国铁集团、国家电网联合发文在全国推广。

(4) 建成世界上首座非对称公铁两用矮塔斜拉桥。研发了钢壳预置式沉井基础，首创箱桁组合钢梁"分层变幅"架设新技术，集成创新了塔墩成套建造技术，成功解决了长江通航与机场端净空高程冲突的难题。

(5) 研发了复杂路网控制保障系统高效互联互通技术。研发了牵引供电系统故障判别自愈重构技术，将供电故障判别及切除时间由2s缩短为20ms，成果应用于合肥、芜湖等铁路枢纽。

(6) 深入践行"绿水青山就是金山银山"的"两山理论"。全过程秉承绿色铁路建设理念，打造"四季常绿、三季见花"的绿色铁路通道，创新弃土场、施工废污水处理技术，2018年在全路现场会推广，荣获2022年国家水土保持示范工程。

① ②
① ③
④

① 高铁防护棚洞下穿特高压电力线路
② 裕溪河特大桥主桥（324m双塔钢箱桁梁斜拉桥）
③ 太湖山隧道洞口绿色通道建设
④ 商合杭、合福铁路巢湖东互通疏解实景

# 成都至贵阳高速铁路

| 推荐单位 | 中国铁道工程建设协会

西溪河特大桥

# 1 工程概况

成都至贵阳高速铁路西起成都市成都东站，向南经眉山市、宜宾市、云南省昭通市，贵州省毕节市，东至贵阳市接入沪昆高铁贵阳东站、贵广高铁贵阳北站，设计时速250km。线路全长648km（其中新建线路515km），正线桥梁471座177.3km，隧道186座237.3km，桥隧总长414.6km，桥隧比80.5%；新建乐山、宜宾西、毕节等15个车站。

该项目是国家"八纵八横"高速铁路"兰（西）广通道"的重要组成部分，线路横跨川、滇、黔三省，是国家实施西部大开发的标志性工程，为实现东西部地区的社会经济高度融合联系起了快捷的纽带。线路穿越云贵高原地形急变带，项目具有"地形起伏大、采空区及天然气多、岩溶分布广、地质构造发育、重力灾害频发、生态环境敏感"等特点；全线高墩大跨桥梁及超长高风险隧道众多，6座极高风险隧道、20座高风险隧道、8座峡谷特殊结构桥梁为成贵高铁控制性工程，被称为同期"世界地质条件最复杂山区高速铁路"。创新成果为同期同类工程提供了借鉴，向世界展示了我国复杂山区高速铁路建设的最新成果。

工程于2013年12月开工建设，2019年12月竣工，总投资753.6亿元。

云贵高原上的成贵高铁

# 2 | 科技创新与新技术应用

(1) 创新了云贵高原地形急变带综合勘察技术。创新应用 GPS 系统建立平面首级控制网，采用 IMU/DGPS 辅助航空摄影测量技术、卫星可见光及 SAR 影像等先进航测制图技术；制定了地形急变带岩溶区的"空、天、地"勘察技术组合原则，构建了地形急变带岩溶区铁路勘察阶段各类工程综合勘察模式。

(2) 建立了艰险山区高速铁路智慧、减灾、绿色选线理论。采用智能选线算法，权衡多项评价指标，获取综合最优线路方案，提高线路方案质量；提出"快速识别风险、综合选线规避重大风险、工程措施防范一般风险、监测预警潜在风险"新理念。

(3) 形成了岩溶极发育区"巨型溶洞整治+岩溶水害综合治理"为核心的隧道修建关键技术及工程应用。系统性形成了复杂环境下巨型溶洞的处理技术体系，创建了岩溶隧道衬砌外水压力计算方法及模糊评价方法；构建了岩溶隧道"全生命周期"的防排水处理成套技术，实现了工程与环境的完美结合。

(4) 创立了以"突出理论"+"设计方法"+"施工技术"为核心的西南艰险山区大断面瓦斯隧道建造成套技术。创建了隧道瓦斯分级标准和指标体系及突出危险性评价方法；建立了大断面隧道煤与瓦斯突出预测防治及揭煤成套技术体系；创建了大断面隧道瓦斯监测预测与施工安全管理成套技术；形成了以加深炮孔为主的超前探测、自动瓦斯监测、连续施工通风为核心的"探、测、防"气田瓦斯隧道建造关键技术。

(5) 构建了河流深切、河谷陡峭山区超大跨度特殊桥梁建造关键技术。攻克了双重限高条件下大跨度钢桁连续梁的结构选型、预拱度及焊缝简化设计理论、低限高条件下无干扰施工及养护难题；建立了大跨度大吨位大幅度横移缆索吊机设计施工、提篮式钢桁拱架设及线型控制、混凝土无应力线型外包及结合、混凝土主梁吊索多点弹性支撑全跨吊架施工等钢箱-混凝土桁架结合拱桥成套关键技术。

(6) 创建了艰险山区高速铁路路基变形控制及加固技术体系。提出基于变形控制的陡坡路基设计方法，形成膨胀性红层软岩基床加固技术；提出喀斯特地貌石芽状地层基床刚度不均控制方法，形成了喀斯特地貌区深切峡谷地段危岩落石综合防治技术。

(7) 提升了 CRTSIII 型轨道板建造技术。首次采用非预应力钢筋混凝土 CRTSIII 型轨道板，并基于极限状态法对轨道板进行优化、试验验证，整体工效提高 12%。

① 气田区隧道群
② 鸭池河特大桥
③ 宜宾金沙江公铁两用特大桥

# 贵安新区腾讯七星数据中心项目（一期）

| 推荐单位 | 中国土木工程学会隧道及地下工程分会

数据中心全景

# 1 工程概况

贵安新区腾讯七星数据中心（一期）用地面积约 47 万 m²，含洞库式数据中心、洞外展厅、消防水泵房、室外工程等，其中，洞库式数据中心建筑面积 60685m²，由 5 条主体洞库 +1 条柴油洞库 +1 条人防指挥中心洞库 +13 处竖向排风井 +1 条联络横洞组成，共计 36 处交岔口，可容纳 5 万台服务器，为腾讯公司的灾备数据中心。

将大型数据中心建于山体内部，具有隐蔽、安全、环保、节能的优势，展示出隧道及地下工程的新用向。但其规划布局、结构设计、施工安装、防灾运管等面临诸多挑战。如：关系到山体稳定的群洞效应、高标准的洞内散热和消防要求、特殊的无水环境等。

工程于 2017 年 9 月开工建设，2020 年 7 月竣工，总投资 8.2 亿元。

# 2 科技创新与新技术应用

(1) 因地制宜、合理利用，成功创建新型洞库式数据中心，其工程案例及成套技术具有广泛推广应用价值。

(2) 创新设计隧洞口部防爆隔离层和防爆设施，对物理性破坏具有高防护性，可抵御常规武器 4 级、核武器 5 级打击。

(3) 创新设计利用大断面竖井作为散热通道，采取"冷热分离""方仓独立"等技术措施，使用"间接蒸发换热+冷水蒸发预冷"的方法，成功实现项目 PUE（总功耗/IT 负荷功耗）运行实测值达 1.1，相比国内主流数据中心节能 30%，每年可节约电力成本约 4000 万元。

(4) 开展洞室内大型数据中心散热和消防体系设计研究，以确保人员及设备安全为核心，设置科学合理的防火分隔、火灾预警及消防设施。其专项通过国家消防工程技术研究中心等部门验收。

(5) 建立在浅埋、软岩、近邻的大断面洞群及山体受力分析基础上的全套施工技术研究，如"立体多层次、平面多交叉""大断面隧洞群围岩稳定性控制"技术，在工程建设中起到关键性的作用。其中："一种双侧壁导坑开挖的施工方法""一种五线并行小间距浅埋大断面隧道群施工方法""软岩大断面隧道交岔口施工方法"等获得国家发明专利。

(6) 隧洞衬砌创新应用"优质粉煤灰+膨胀纤维抗裂防水剂"高性能混凝土，在保证结构安全稳定的同时达到了电子设备洞室防水隔潮的标准要求。

①②③ ⑦
④⑤⑥ ⑧⑨

① 动力隧道设施安装
② 动力隧道交叉口设施安装
③ 洞库进口通风段防护结构
④ 洞库大断面交叉口部
⑤ 洞库内部数据机房
⑥ 洞库口部防护结构
⑦ 全景
⑧ 洞库数据机房大厅
⑨ 洞库内部数据机房

# 广东省潮州至惠州高速公路

| 推荐单位 | 中国公路学会

# 1 工程概况

广东省潮州至惠州高速公路是国家高速公路网甬莞高速公路（G1523）的重要组成部分，也是广东省高速公路网规划"九纵五横两环"中"第四横"的重要组成部分，是首条横贯粤东地区，沟通岭南文化、客家文化及闽南文化的文化纽带，联结粤港澳大湾区城市群的交通主动脉，助力"海上丝绸之路"倡议的经济大动脉。

项目全线长246.714km，古巷（起点）至凤塘立交段长8.976km，设计速度100km/h，路基宽26.0m，为双向四车道高速公路；凤塘至白盆珠立交段长201.026km，设计速度100km/h，路基宽33.5m，为双向六车道高速公路；白盆珠立交至惠东（终点）段长36.712km，设计速度120km/h，路基宽34.5m，为双向六车道高速公路。全线共设桥梁77918.52m/209座，隧道14292m/9座，桥隧比为37.4%；设互通立交24处，服务区4处，停车区1处。项目桥隧比高、建设条件复杂、榕江特大桥和莲花山特长隧道建设难度大。

项目贯彻标准引领、科技创新、绿色低碳、安全耐久建设理念，在全国率先构建1项设计标准化体系，攻克3项关键技术，创新"路隧"捆绑招标和建管养一体化新模式，获得广东省公路行业目前唯一国家优质工程金奖，多项成果纳入行业标准，促进了高速公路建设转型升级、理念提升，引领了行业发展。

工程于2013年4月开工建设，2022年12月竣工，总投资239.52亿元。

① ‖ ②
① 榕江特大桥
② 广东潮州至惠州高速公路

149

# 2 | 科技创新与新技术应用

(1) 国内率先系统完整开展全国最大规模的高速公路设计标准化研究,首次构建涵盖高速公路各专业的设计标准化体系,建立标准图数据库,编制完成262册通用图和参考图。4项研究成果被国家行业标准(规范)采纳。研究成果被广东省交通运输厅发布实施,已应用于省内6000km以上高速公路项目。被国内多个省份借鉴参考,填补了全国系统开展公路设计标准化研究的空白,引领全国公路行业设计标准化发展,为公路行业工业化建造转型升级奠定基础。

(2) 首创近海山区高速公路建设精益创新集成关键技术。围绕近海山区高速公路质量耐久及运营安全,首次开发高速公路设计方案综合决策系统,首次研发断级配全厚式露石混凝土路面结构设计及施工技术,首次研制出适用于近海山区的防腐蚀机制砂混凝土,首次建立基于"按质支付"的沥青混凝土路面质量评价指标体系。研究成果攻克数十项近海山区高速公路设计、施工关键技术。

(3) 国内首创大断面隧道破碎围岩大变形综合控制施工关键技术。依托广东省同期在建里程最长、埋深最大的大断面莲花山隧道,国内首次建立裂隙岩体非线性损伤本构关系及应变能密度判别准则,首次提出大断面隧道锚注复合体的新型内承载结构,研发的高性能新型硅酸盐注浆加固材料达到了国际领先水平。

(4) 国内首创混合梁柔梁密索矮塔斜拉桥体系及关键技术,为高烈度区大跨径桥梁设计提供新方案。为解决榕江特大桥受海运对桥梁净高和飞机航线对桥塔高度的双重限制、抗震抗风要求高,首创大跨径混合梁柔梁密索矮塔斜拉桥体系;首创全焊整体式钢锚箱索塔锚固技术;首次研发纵横向正交分离减隔振技术和钢阻尼滑板支座、可调高隔振支座。

(5) 践行绿色低碳理念,创新"路隧"捆绑招标和建管养一体化新模式。在广东省内首次采用隧道施工与路面施工捆绑招标模式,实现隧道石质洞渣全部高质用于路面工程,真正实现"全利用、零弃方",成果纳入新修订的行业标准《公路生态环境保护技术标准》中;首次创新整合永临结合用电系统;首次在高速公路开工前完成运营管理中心建设,提出机电三大系统整合方案,搭建监控中心一体化平台,实现建管一体化。

① 莲花山特长隧道
② 运营管理中心
③ 进场路高架桥

# 港珠澳大桥主体工程岛隧工程

| 推荐单位 | 中国交通建设集团有限公司

岛隧工程远景

# 1 工程概况

港珠澳大桥东连香港，西接珠海、澳门，总长55km，包括海中桥隧主体工程、三地口岸、三地连接线三部分。其中海中桥隧主体工程（粤港分界线至珠海和澳门口岸段）是港珠澳大桥主体工程，长约29.6km，是集"桥、岛、隧"为一体的超大型综合集群跨海通道，是国家高速公路网规划中珠江三角洲地区环线的组成部分，是跨越伶仃洋海域关键性工程，是具有国家战略意义的世界级跨海通道，由粤港澳三地共同建设。

港珠澳大桥主体工程采用双向六车道高速公路技术标准，设计速度100km/h，设计使用寿命120年。为满足预留航道要求港珠澳大桥主体工程采用桥隧组合方案，穿越伶仃西航道和铜鼓航道段约6.7km采用隧道方案，预制沉管段长5.664km，为实现桥隧转换和设置通风井，主体工程隧道两端各设置一个海中人工岛，其余路段约22.9km采用桥梁方案。

岛隧工程是港珠澳大桥的控制性工程，是主体工程的重要组成部分，主要由沉管隧道、东人工岛、西人工岛三大部分组成，起于伶仃洋粤港分界线（里程K5+972.454），穿越珠江口铜鼓航道、伶仃西航道，止于西人工岛结合部非通航孔桥西端（里程K13+413），全长7440.546m。其中隧道长6704m（沉管段长5664m，岛上段长1040m）。东、西人工岛长度均为625m，东人工岛结合部非通航桥长385m，西人工岛结合部非通航桥长249m。

工程于2010年12月开工建设，2023年4月通过国家竣工验收，总投资约178亿元。

① 隧道入口减光罩实景
② 海底沉管隧道实景
③ 东人工岛远景
④ 人工岛主体建筑大台阶
⑤ 中华白海豚在岛边游弋
⑥ 岛隧工程实景
⑦ 西人工岛远景

# 2 科技创新与新技术应用

(1) 首创深插式大直径钢圆筒快速筑岛技术，采用120个22m直径、高40～50m钢圆筒，仅221d筑成两个约10万㎡海上人工岛，较原设计方案节约工期两年半，减少泥沙开挖量近千万立方米。

(2) 研发"复合地基＋组合基床"隧道基础新结构，解决了近6km深厚软土地基不均匀沉降的世界难题，实现了隧道基础刚度平顺过渡。开发深水基础精细化施工成套装备，建立了基础施工监控体系，有效控制了隧道工后沉降及差异沉降。

(3) 发明设置适度永久预应力的半刚性沉管新结构，研发了沉管结构部分无粘结永久预应力和剪力键超限保护"记忆支座"等关键技术，有效控制了接头张开量，提高了接头抗力和管节水密性，破解了深埋沉管难题，拓宽了沉管隧道的应用范围。

(4) 国内首次采用"工厂法"预制沉管，研发全液压模板系统、全断面浇筑及控裂技术、8万t级同步顶推系统等先进技术和装备，有效保障了沉管预制品质，55个月完成了33节沉管预制任务。

(5) 创新免精调无潜水作业对接沉管安装技术，研发智能化保障、控制、作业等14套系统，实现了工程环境可知、可控，海底施工可"视"、可测，水下作业无人化，实现了超40m深海底8万t沉管的精准对接，形成了具有自主知识产权的外海沉管安装成套技术与装备，4年圆满完成了33节沉管安装。

(6) 发明整体式主动止水最终接头新技术，创新提出可折叠主动止水的理念，攻克了钢壳混凝土结构体系、止水与折叠构造、合龙口形态控制等关键技术，创造了1d完成隧道合龙，贯通精度达毫米级的工程记录，解决了复杂海洋环境下深水沉管隧道快速贯通难题，实现了沉管隧道合龙方式的重大突破。

① 围成的人工岛雏形
② 沉管安装
③ 最终接头钢壳拼装
④ 最终接头安装
⑤ 半刚性沉管结构
⑥ 沉管浮运
⑦ 隧道基础施工
⑧ 沉管预制厂

# 一汽-大众汽车有限公司新建试验场项目及试验场扩建工程

| 推荐单位 | 中国公路学会

## 1 工程概况

一汽-大众汽车有限公司新建试验场项目及试验场扩建工程位于长春市农安县巴吉垒镇，占地面积 4.5km²，是集研发、试车、培训为一体的国际大型综合性汽车试验场。工程包括高速环道（长9942.16m）、动态广场（$D$=300m）、性能试验路、耐久强化路、交变试验路五大功能区及电气、暖通、给水、排水、安装等相关配套设施，合计 87 种特殊路面，为目前国内特殊路面种类最全、技术最先进的汽车试验场，也是具有国际水平的试车场之一。

高速环道的设计平衡车速为 228km/h，超出国内高速公路最高设计时速的 90%，对成型路面的平顺性和安全防护措施提出了更高的要求。特殊路面成型精度控制要求高，过程控制复杂，各种特种道路由直线、曲线组成，曲面呈立体网状空间曲面，定位精度及高程要求极高。超高倾角高速环道曲线段施工采用曲面摊铺机与配套专用碾压设备施工，保证无纵、横缝，表面平顺，施工技术难度高。

工程于 2015 年 5 月开工建设，2019年 10 月竣工，总投资 13.08 亿元。

全景

# 2 科技创新与新技术应用

(1) 提出了试车场路面结构的设计方法。提出了针对道路铺面受力的高速环道铺面结构设计方法；采用PG分级选择沥青，提出了沥青混合料的动态剪切模量和疲劳寿命测试方法，解决了冻融地区沥青路面开裂问题。

(2) 创新了试车场异型路基修筑技术。提出了异型高填方路基的路基加固和填筑方法；研发了试车场异型路基的智能整平、边坡智能修整和路基连续压实施工技术。

(3) 研发了曲面沥青施工的成套装备及技术。研发了具有曲面摊铺功能的成套装备和斜曲面摊铺控制系统，形成了曲面沥青摊铺施工工法；研发了高速环道沥青摊铺防滑落技术；提出了一种试车场大面积动态坪沥青连续滚动高精度摊铺方法；融合摊铺机与3D测量系统，实现了小半径连续急弯沥青路面的施工。

(4) 创新了试车场的检测技术。采用路基沉降自动监测高环路基冻胀变形；提出了试车道控制混凝土面负高程施工方法；研发了沥青混凝土高精度智能控制摊铺技术；创新了曲面沥青平整度的实景复制和运动仿真验收技术。

(5) 研发了试车场智能建造技术。形成了一套集钢筋数据采集生成、计划执行、实施监控、结果反馈为一体的钢筋智能加工信息技术；研制了超大斜面沥青摊铺施工信息化控制系统；研发了特种道路路谱的仿制平移复原技术。

| ① | ③ | ⑤ |
|---|---|---|
|   |   | ⑥ |
| ② | ④ | ⑦ | ⑧ |

① 搓板路
② 性能试验路
③ 不规则坑洼路
④ 试车场西环
⑤ 动态广场
⑥ CWP 盘山公路
⑦ 铁饼路
⑧ 坡道丘路

161

# 贵州乌江构皮滩水电站

| 推荐单位 | 中国大坝工程学会

水电站全景

# 1 | 工程概况

贵州乌江构皮滩水电站位于贵州省余庆县境内，为乌江干流水电梯级开发的第5级电站，是国家实施"西部大开发"列入"十五"计划的重点建设项目，也是贵州省实施"西电东送"战略部署的标志性工程，工程开发的主要任务是发电，兼顾航运、防洪，促进地区经济、社会与环境的协调发展等。

构皮滩水电站工程属一等大（Ⅰ）型工程，最大坝高达230.5m，由拦河大坝、泄洪消能建筑物、引水发电系统、通航建筑物、地面开关站等组成。河床布置混凝土双曲拱坝，坝身表、中孔泄洪，坝下水垫塘消能；左岸布置泄洪洞和三级垂直升船机；右岸布置引水式地下发电厂房系统，坝基防渗采用帷幕灌浆。构皮滩水电站水库总库容64.54亿$m^3$，装机容量3000MW，设计年发电量96.82亿kW·h，对贵州省加大非化石能源消费比重、节能减排具有十分重要的意义。电站调峰性能优越，水库调节性能杰出，对乌江中下游防洪安全以及贵州省社会经济发展发挥重要作用，为当地招商引资、项目建设、就业增加提供了有力支撑。

工程于2003年11月开工建设，2021年12月竣工，总投资185亿元。

| ① | ② | ④ |
|---|---|---|
| ③ | ⑤ | ⑥ |

① 第二级升船机
② 升船机卷筒
③ 地下厂房
④ 枢纽大坝
⑤ 大坝泄洪
⑥ 第一级升船机

# 2 | 科技创新与新技术应用

(1) 成功建成国内强岩溶地区最高的混凝土双曲拱坝,监测坝基总渗流量最大为 3.4L/s(不到设计值的 10%);提出定量评估风险的岩溶分级处理技术;提出"表孔不对称扩散加分流齿""中孔进口大差动、出口小差动"泄洪消能技术,坝身泄洪消能设施成功经历泄量 1 万 m³/s 级的泄洪考验;强岩溶地区成功建成的特高拱坝和大型地下洞室群运行状态良好。

(2) 制造自行设计、全国产化的当时单机容量最大的 600MW 水轮发电机组,提出水轮机参数优化匹配法,发电耗水率仅为 2.3m³/kW·h;提出反"S"形叶片头部形线,实测最高效率达 96.80%,高于一般进口机组,创下 200m 水头段水轮机效率世界最优值;首创分件分瓣数最多的巨型转轮现场组焊加工技术,节省路桥工程费用 1.05 亿元。

(3) 构皮滩水电站通航建筑物是世界上水头最高和位于高山峡谷河段拱坝枢纽上的首座大型过坝通航建筑物,多项技术指标为世界之最,提出"三级升船机 + 通航隧洞 + 渡槽 + 明渠"的组合式通航建筑物布置形式;提出"疏桩筏形基础 + 分层强约束"塔柱结构新形式;研发 500t 级升船机低速重载减速器等关键技术。

① 枢纽大坝
② 第二、三级升船机
③ 大坝鸟瞰图

# 江苏溧阳6×250MW抽水蓄能电站工程

| 推荐单位 | 中国大坝工程学会

云雾中的上水库

# 1 工程概况

该工程地处江苏省溧阳市华东地区电力负荷中心，毗邻国家 5A 级景区天目湖，是江苏省最大的抽水蓄能电站，是国内第四大抽水蓄能电站，是全国低海拔、浅丘区建成的最大的抽水蓄能电站，更是全国国产化规模最大抽水蓄能电站。工程主要由上水库、输水系统、地下厂房及下水库四部分组成，总装机 1500MW（6×250MW），为一等大（Ⅰ）型工程。

该工程是已建地质条件最为复杂、建设难度最大的蓄能电站工程，于 2014 年成为中国水利水电发展史上首座入选"全国建筑业绿色施工示范工程"的抽水蓄能电站，为国家抽水蓄能大发展积累了极具推广价值的工程经验，具有突出的生态示范意义。

该工程秉承"追求卓越、铸就经典"的理念，以生态优先、绿色发展为导向，通过实施项目全生命周期智能化技术，实现了国内首次在低海拔浅丘陵地区复杂地形与Ⅳ、Ⅴ类富水围岩条件下建成大型抽水蓄能电站，取得重大技术突破。工程首次全面研发实施"数字大坝"技术，创新采用坝体双增模区、复杂料源变形协调填筑等新技术，解决了 W 地形、多样性料源条件下筑坝的重大技术难题，筑造了抽水蓄能电站工程中全国最高的 165m 面板堆石坝；首创闸门环向布置特大型井塔式进出水口及整流锥结构，确保了低矮地形、单薄山体条件的上水库进出水口平顺高效运行并最大限度获得高水头；研发厂房顶拱柔性板与高边墙刚性附壁墙等成套技术和 800MPa 全国最高 HD 值（当时）引水钢岔管施工工艺，保证了低变模富水围岩大型地下洞室群和输水系统的安全稳定；首次在可逆式抽水蓄能机组中成功应用双向单波纹弹性油箱，实现推力瓦负荷均衡，研制了 300MW 级大型抽水蓄能机组控制软硬件系统，实现了 9 种运行工况 33 个转换过程灵活组态的工况转换精确控制，确保电站安全绿色运行。工程在设计、施工、运行中取得的多项关键技术成果达到国际领先与先进水平，同时创造性实施"土石挖填平衡、地下水渗排平衡、蓝绿生态平衡"的"三大平衡"工程环保技术，提升节能、节地、节水、节材与环境保护效力，保持了工程建设与生态建设同步推进的友好态势，塑造了电站与环境和谐共生的清洁能源开发典范。

工程注重节水、节地、节能、节材，入选了"全国建筑业绿色施工示范工程"，获"国家优质工程金奖"等国家级与省部级工程奖 6 项、省部级科技奖 9 项、发明专利 19 项、省部级工法 22 项、软件著作权 7 项。

该工程自投入运行以来，至 2023 年 5 月，已连续安全稳定运行 2560 多天，电网紧急事故备用启动 512 次；累计发电量 107 亿 kW·h，抽水电量 133 亿 kW·h，综合转换效率 80.5% 居全国前列；共实现营业收入 88.74 亿元，利税 13.14 亿元；项目运行每年节约系统煤耗近 50 万 t，减少二氧化碳排放超 100 万 t。在电网中充分发挥了调峰、填谷、事故备用的作用，对优化系统电源结构，提高系统供电质量和运行安全稳定性助推长三角经济发展做出了卓越贡献。

工程于 2008 年 12 月开工建设，2020 年 6 月竣工，总投资 85.6 亿元。

① 特大型竖井式进出水塔
② 地面开关站及出线
③ 上水库
④ 下水库

# 2 | 科技创新与新技术应用

(1) 提出了结构新形式，在低海拔、浅丘区建成了高效率运转的蓄能电站。首创抽蓄电站新型井塔式进出水口及整流锥结构，整流锥重达 5700t，在地形非常不利条件下，避免了水流反复进出过程中常发生的旋涡和空化现象，在确保库盆防渗结构和引水钢管结构安全的同时，提高了水能利用效率。提出并实现了直径达 7m、强度达 800MPa 的超强超大型引水钢岔管施工，强度比以往最高值提升了 200MPa，满足了低水头下大流量的过程平稳。提出了开挖料垫高上库库底提升水头的设计思路，保障了低海拔、浅丘区所需要的最低水头。创新的设计和高质量的施工，保障了溧阳蓄能电站运转的高效率。

(2) 提出了新的设计、施工方法，在复杂地形、软岩条件下建成了沉降量小、渗漏量小的高面板坝。上水库坝高 165m，位于两沟夹一山脊且沟和山脊 17°倾向下游，对稳定、防渗非常不利。提出了设置增模区的新理念，有效避免了大坝变形；提出了混凝土面板与土工膜分区防渗，将防渗造价由国际上 900 元/m² 元，降低到 400 元以下。

(3) 1500MW 蓄能机组实现了国产化，在富水软岩区域实现了厂房振动小、噪声低的目标。溧阳蓄能电站是第一批机组国产化的工程，针对运转条件进行的国产化大蓄能机组制造，保障了运行的高效和安全；发明了非对称岔洞支护等成套技术，攻克了 Ⅳ～Ⅴ 类富水软岩下洞室群安全高效施工；提出了厂房厚板结构和附壁墙形式，在满足富水软岩区安全的前提下，大大降低了机组振动的幅度，降低了噪声。

(4) 数字化、智能化建设技术提升了建设效率。采用了全过程 BIM 技术，大幅提升了多工种协同效率；采用了"数字大坝"技术实现了多样性料源开采、运输、填筑智能化管理；智能运维监控管理系统保障了安全高效运行。

① 上水库大坝面板
② 地下厂房发电机层
③ 绿色大坝设计技术（堆石坝后坝坡覆绿技术）
④ 电站与周边生态融合，线性优美
⑤ 特大型竖井式进出水塔

# 杭州市第二水源千岛湖配水工程

| 推荐单位 | 水利部水利工程建设司

# 1 工程概况

杭州市第二水源千岛湖配水工程是大型引调水工程,工程任务为供水。从千岛湖淳安县境内取水,经输水隧洞将水引至杭州市余杭区闲林水库配水井,通过三大支线向杭州市和嘉兴市提供优质千岛湖水,同时输水线路沿途设置六大分水口向建德市、桐庐县及富阳区部分区域供水,工程供水受益人口 1500 余万。

千岛湖—闲林水库输水线路全长 113.22km,是国内已投运的最长全程有压输水隧洞,工程等别为 I 等。主要建筑物包括:千岛湖进水口、输水隧洞(含埋管、事故检修闸、调压井等)、分水口、闲林出口流量控制及调压设施、闲林水库取水口等,为 1 级建筑物;检修排水退水设施、交通道路等次要建筑物为 3 级。工程合理使用年限 100 年,设计年配水量 9.78 亿 $m^3$,设计配水流量 38.8 $m^3$/s。

工程于 2014 年 12 月开工建设,2021 年 12 月竣工,总投资 85 亿元。

千岛湖进水口全景

## 2 | 科技创新与新技术应用

(1) 为解决传统配水方式调度灵活性不高，系统输水能力受调节水库水位限制的难题，首创"库中库"井库流量配水新模式，在输水系统末端调节水库内设置22万 $m^3$ 的碗式配水井，实现5种联合配水模式，大幅提高了供水安全性，同时可提高工程输水能力35%。

(2) 为解决长距离有压输水压力波动大、富余能源利用难的问题，首创长距离压力输水智慧节能调流调压技术，系统设置发电机组、调流阀、控制闸等设施，自主研发长距离隧洞直连发电机组的水位瞬时波动控制智慧调度模块，并利用富余水头发电。

(3) 为解决水工隧洞衬砌温度裂缝、复杂地质渗控等技术难题，创新长距离有压输水隧洞渗控技术，首创单向排水减压阀、隧洞衬砌预设止水诱导缝等技术，减少裂缝发生率95%以上，有压输水隧洞全线漏损率小于1%，远低于4%的设计指标。

① 闲林配水井全景
② 闲林取水口流量调节阀和能源回收电站
③ 闲林取水口下游控制闸
④ 闲林取水口调流阀和能源回收电站机组
⑤ 智慧一体化管控平台

# 苏通GIL综合管廊工程

| 推荐单位 | 中国电力建设企业协会

## 1 | 工程概况

苏通GIL综合管廊工程是淮南—南京—上海1000kV交流特高压输变电工程过江段控制性工程，是世界上电压等级最高、输送容量最大、输电距离最长、技术水平最先进的首个特高压GIL输电工程。工程起于长江南岸苏州引接站，止于北岸南通引接站，通过二回敷设于管廊中的GIL穿越长江，隧道全长5468.5m，GIL总长34.2km。

工程开创性地采用"紧凑型特高压GIL+大直径长距离深水下隧道"穿越长江，有效保护了长江生态环境和航运安全。在基础研究、工程设计、设备研制等六大领域开展专题研究，取得了多项原创性科技成果，填补了特高压GIL工程技术空白，创造多项世界第一。攻克了高性能绝缘子设计、绝缘子内应力调控和释缓技术、高场强下金属微粒运动特性抑制、GIL全管系柔性设计和密封等设备制造技术难题；攻克了超高水压隧道变形控制、管片结构高可靠度密封、大直径泥水盾构机防爆设计等隧道建造技术难题；攻克了受限空间GIL运输安装、超大容量一体化耐压试验装置、六氟化硫集中供气、故障精准定位等施工和调试技术难题，在世界上率先掌握了特高压GIL输电设备制造、设计、施工和调试全套技术，带动我国GIL输电技术装备水平全面升级，为世界跨江、跨海和人口密集地区的先进紧凑型输电提供了"中国方案"。工程建成后，在我国华东地区形成世界首个特高压交流双环网，对长江大保护、双碳节能、缓解大气污染、提高华东电网电力交换能力、接纳区外电力能力和电网安全稳定水平，起到积极作用。

工程于2016年8月26日开工建设，2019年9月26日正式投运，工程总投资41.33亿元。

① | ②

① 建设中的南岸引接站
② 管廊内部

# 2 科技创新与新技术应用

(1) 首创了特高压 GIL 与跨江盾构隧道协同设计技术。国际首创"紧凑型特高压 GIL + 盾构越江隧道"全新建造技术，提出了长距离、多角度变换、三维蜿蜒条件下 GIL 与隧道的柔性设计方案，研发了盾构法电力管廊结构性能设计、气液密封及抗减震技术，实现了 GIL 与盾构隧道协同设计。

(2) 攻克了高可靠性特高压 GIL 研制技术。研发了全系列绝缘子和新型微粒捕捉器，实现了关键场强较国外设计降低 18%～30%；提出了绝缘子内置、双道密封结构，漏气率降至国际标准的 1/50，填补了特高压 GIL 设备空白。

(3) 创新了超高水压、高磨蚀、沼气地层盾构隧道施工成套关键技术。开发了超高压密封防水、施工防爆、换刀预测、高质量浆液配置技术，解决了超高水压、高透水、高磨蚀、带压沼气复杂地层盾构掘进难题，实现了 5468m 一次性穿越长江、月均 417m 的掘进记录。

(4) 攻克了长距离受限空间 GIL 现场安装及试验技术。研制 GIL 运输和安装专用机具，首次采用 $SF_6$ 集中供气站方案，攻克了紧凑隧道内特高压 GIL 安装充气难题；研制特高压 GIL 一体化交流谐振耐压试验装置，成功解决超长距离特高压 GIL 现场耐压试验难题。

(5) 研发了特高压 GIL 智能运维系统。研制了特高压 GIL 轨道式智能巡检机器人，实现 GIL 全状态量智能检测；创新提出 GIL 故障秒级可靠熄弧技术，解决了故障感应电流快速消除难题；研发了基于暂态电压超宽频传感故障定位系统，实现公里级 GIL 多故障点辨识和米级精准定位。

(6) 创建了特高压电力管廊工程建设技术标准。研发了特高压 GIL 管廊工程设计施工成套技术标准，首次编制《特高压 GIL 电力管廊施工工艺导则》《盾构法电力隧道工程质量验收规范》等标准，填补了特高压电力管廊领域的技术标准空白。

(7) 工程建设应用国家重点节能低碳技术 5 项，"建筑业十项新技术"中的 9 大项 31 个子项；电力"五新"应用 16 项，自主创新技术 90 项。采用的"特高压气体绝缘管线 + 大直径远距离深水隧道"的紧凑型越江输电模式，为复杂地理和气候环境的输电线路建设提供了新的解决方案。特高压 GIL 关键技术及装备先后在特高压南阳站、特高压武汉站等工程中实现推广应用，为后续特高压变电站中 GIS 母线的更新换代指明了方向，具有广阔的市场应用前景。

(8) 工程建设理念绿色先进、综合效益显著，大幅节约了国土空间面积，保护了长江黄金水道通航安全，有利于长江岸线规划、防洪和节能环保，为"碳达峰碳中和"作出了重要贡献。

| ① | ③ |
| --- | --- |
| ② | ④ |

① GIL 设备特殊试验
② 运行中的北岸引接站
③ GIL 设备样机试验
④ 运行中的南岸引接站

# 海南省洋浦港油品码头及配套储运设施工程

| 推荐单位 | 中国土木工程学会港口工程分会

## 1　工程概况

本项目位于海南省洋浦经济开发区洋浦港神头港区，是按照国务院实施国家能源发展战略的要求结合海南自贸港建设的重点配套项目。本项目的建成投产促进了我国油品物流业发展和海南省经济社会的协调发展，对建设海南自贸港和全球石油"第三方物流中心"，构建以国内大循环为主体、国内国际双循环相互促进的新发展格局等方面具有重要意义。

本项目建设 1 个 30 万 t 级油品装卸泊位，1 个 5 万 t 级原油、成品油装卸泊位，934.4m 引桥，2079.3m 引堤，725m 横堤，海水消防泵房，120 万 $m^3$ 原油仓储中转罐区和 12 万 $m^3$ 成品油仓储中转罐区，并建设配套生产辅助设施等。年装卸原油量 2000 万 t，成品油量 160 万 t。2 个泊位原油及成品油设计通过能力合计为 2400 万 t/ 年。

30 万 t 级码头采用开敞式蝶形布置，可靠泊 8 万～30 万 t 级油轮，码头结构采用高桩墩式结构；5 万 t 级码头结合横堤的结构形式，采用直径 18m 重力式圆沉箱墩式连片结构；引桥基础采用直径 16m、18m 圆沉箱桥墩，上部结构采用 15 跨 51m 三榀预应力混凝土简支箱梁结构；引堤和横堤采用抛石斜坡堤结构；海水消防泵房采用重力式方沉箱结构；10 万 $m^3$ 原油储罐采用双盘式外浮顶储罐，成品油储罐采用内浮顶储罐。

工程于 2012 年 2 月 1 日开工建设，2016 年 9 月 28 日竣工，总投资 29.1 亿元。

工程全景

① ② ③ ④ ⑤ ⑥ ⑦

① 横堤全景
② 808t "混凝土长梁"海上运输
③ 采用"3D 检测技术"外海沉桩作业
④ 30 万 t 级码头全景
⑤ 定制"吊装平衡梁"海上安装 808t "混凝土长梁"
⑥ 共舞：双起重船吊装模板
⑦ 3000t 滚装船载混凝土罐车外海浇筑混凝土

## 2 | 科技创新与新技术应用

(1) 作为国内首个由国际咨询工程师联合会全过程咨询、监管的水运工程，由BMT Asia Pacific按照国际工程标准全过程进行咨询、监管，设计在满足中国标准规范的基础上，参照国际运营经验及使用标准，对项目设计方案尤其是安全、环保、人性化等方面进行设计优化，项目建设中西合璧。

(2) 针对本项目地处外海开敞式环境，自然条件恶劣，浪大、流急、台风多发，码头轴线方位和系靠船墩的位置确定困难的特点，创新采用"透空码头与实体防波堤相结合"的反F形平面布置方案，合理确定了码头轴线，优化了码头泊位长度及各系缆墩、靠船墩的平面布置，保证了本工程船舶系泊、装卸作业和靠离泊作业安全便利，节约了土地和海域资源，有效降低了工程投资，并减少了项目建设对海洋环境的影响。

(3) 装卸工艺流程先进，适应市场的多样化需求，码头对接后方多个仓储罐区，并可实现水上直接转驳作业，增加了靠泊及油品管道运输的灵活性，减少了仓储损耗和装卸能源消耗，作业效率高、功能多样化，达到国际化安全运营标准。

(4) 针对水工建筑物种类多、结构形式多、结构受力复杂的特点，采用结构整体物理模型试验确定结构所受波浪力，解决了现行规范没有成熟计算理论的难题；采用国际先进通用软件，对码头高桩墩台，圆沉箱、方沉箱，沉箱十字透空消浪结构、引桥墩M形透空消浪结构，码头多船型不同工况系缆力计算及系缆设施和缆绳分布等进行整体空间建模计算，进行"双向十字透空组合消浪结构""M形透空消浪结构""装配式混凝土长梁"等技术创新，并利用资金时间价值理论进行水工结构全寿命周期设计，确保了本项目水工结构全寿命期最优。

(5) 秉承"低碳、绿色、环保"理念，进行绿色设计，高标准配置环保设施，进行油气回收处理，压载水生物灭活处理，平衡压力式泡沫比例混合器+海水消防等技术创新，并应用工效学理论进行人性化功能设计，确保了码头安全和高效运行，防止项目运营造成环境污染，推动港口绿色循环低碳发展。

(6) 油品码头自控系统首次采用新技术DCS系统及ESD系统，提高了控制系统的安全性和可靠性，提高了码头和罐区管理的一致性，实现了码头和罐区管控系统安全和高效运行。

(7) 采用国内首创的"滑板与水垫组合出运大型预制构件施工技术"和"专用定制吊装平衡梁"，解决了长度51m，重量808t"混凝土长梁"的安全、高效出运和安装问题。采用国内首创的"陆拌混凝土滚装船运输浇筑工艺"进行离岸超过3km的外海无掩护海上混凝土浇筑作业，有效应对施工海域海况突变，降低安全风险，提高工程质量和施工效率，保证了海上墩台混凝土的浇筑质量。

(8) 针对本项目外海沉桩定位困难、沉桩难度大的问题，进行了"工程施工船舶姿态3D监测技术研究"，有效监测打桩船定位稳船，沉桩采用效率高、定位准的GPS打桩定位系统，保证了桩基定位的准确，确保了沉桩施工质量，沉桩正位率95.8%。针对本项目桩长超过80m，桩基承载力达到1300t的要求，进行了"超长桩桩土界面剪切特性及承载力试验研究"，并在现场进行桩基静载荷试验及高应变动力检测，保证了桩基承载力要求。

(9) 针对本项目外海区域沉箱安装施工难度大、正位率要求高，且沉箱基床厚的问题，采用"船载轨道式基床夯实设备施工工艺"进行沉箱基床夯实、整平，确保基床密实平整，提高了沉箱正位率，保证了沉箱结构安全稳定。针对本项目外海深水防波堤重14t的扭王字块护面块体预制和水下安装施工难度大，质量难保证的问题，国内首次采用防波堤护面块体安装的成像系统、深水防波堤的可视化坡度控制系统和水下安装扭王字块的姿态可调吊具等先进护面块体安装技术设备进行深水防波堤扭王字块护面块体安装，保证了引堤及横堤扭王字块预制和安装质量，安放形式及密度均满足要求。

① 罐区全景
② 30万t级码头靠船
③ 大型半潜驳浮运沉箱

189

# 无锡地铁3号线一期工程

| 推荐单位 | 中国铁道建筑集团有限公司

无锡地铁3号线硕放机场线

# 1 工程概况

无锡地铁 3 号线一期工程是无锡轨道交通长期规划"8 线 5S"中的一条骨干线路，跨越无锡城北、城中、高新等各重要板块以及无锡火车站、无锡新区站、苏南（无锡）硕放机场站等重要枢纽。整体呈西北－东南走向，全长 28.5km，全部为地下线，共设 21 座车站，其中换乘站 5 座（盛岸站与 4 号线换乘、无锡火车站与 1 号线换乘、靖海站与 2 号线换乘、太湖花园站与 5 号线换乘、无锡新区站与 4 号线二期换乘）；设幸福停车场和新梅车辆段各一座，2 座主变电站（110/35kV 地铁专用盛岸和无锡新区主变电站 2 座）和 1 座控制中心。

该工程串联了京沪高铁、沪宁城际无锡站和无锡新区站以及苏南（无锡）硕放机场三大枢纽，有利于构筑城市快速集疏运输体系，扩大物流、人流辐射范围，促进了城市发展，引领了城市西北部、东南部地区经济社会发展，优化了城市空间结构和产业结构，巩固了无锡市作为长三角区域北翼中心城市地位和构建区域交通枢纽城市，实现了无锡北靠常州、南接苏州的目标和地区资源共享的良性互动，促进苏锡常都市圈融入上海大都市圈，积极支援了长江经济带沿线重点地区城市的发展。

工程于 2016 年 3 月 30 日开工建设，2020 年 10 月 28 日竣工，总投资 206 亿元。

① 无锡新区站站台层楼梯
② 吴桥站
③ 广瑞路站厅层
④ 硕放机场站椭圆形下沉广场
⑤ 太湖花园站
⑥ 幸福停车段出入线段

# 2　科技创新与新技术应用

(1) 首创太湖水系、断裂带复杂地层盾构智能掘进成套技术。开发了盾构智能掘进监控与决策系统，发明了盾构施工土体改良、同步注浆新型材料及配套装备，研发了盾构受限空间始发（接收）控制技术、超近距离下穿敏感建（构）筑物微沉降控制技术。成功穿越60栋弄堂建筑、20条河流、26座桥隧，实现古运河"天关"黄埠墩零沉降，完好保护了运河及沿线古迹风貌；斜穿铁路线13股，最大沉降仅0.8mm。

(2) 首创顶管法联络通道施工成套技术。研发了联络通道顶管法施工及隧道内置式泵房技术，研制了配套装备，实现了联络通道的快速掘进一次成型。解决了传统施工工艺工期长、风险高的难题，工效提高3倍。

(3) 研发车站装配式二次结构及车辆段减振降噪绿色建造技术。首次提出车站装配式二次结构预制构件标准化划分方法与接口优化技术，自主研发了配套安装设备及连接技术，材料节约60%，建筑垃圾减少80%，节能降耗、绿色环保，大幅提升地铁施工工业化水平。发明了复合砟轨道道床，提出非线性浮置板轨道系统、静声钢轨、隔振支座应用新理念，将车辆段环境噪声降至35dB以下。

(4) 首创高承压水头条件下低净空拔桩技术。研制了高承压水头低净空自适应不同桩体拔桩装备，研发了双侧双井精准降水、减阻护壁泥浆技术。实现了不拆除桥涵，保持主干道畅通条件下在桥涵内低净空直接拔桩，节约拆复建等费用2500万元，缩短工期6个月。

(5) 创建轨道交通安全通信网络节能覆盖技术及应用。开发了网络安全防护技术体系，研发了无线覆盖设备，创新了无线覆盖网络系统技术，解决了城市轨道交通无线网络多运营商、多系统覆盖相互干扰的问题，信号抗干扰性提高35%，网络覆盖能耗降低25%。

| ① | ② | ⑤ |
|---|---|---|
| ③ | ④ | ⑥ |

① 无缝接驳机场航站楼
② 车站采用半裸装修，便于运维，拉高空间，"大简至美"
③ 幸福停车场配合硕放车辆段
④ 以"山与水"为主题，打造一幅水韵江南、巷桥卧波的山河画卷
⑤ 特色地铁站盛岸站，其出入口周边以多色杜鹃花为基调，呈现春意盎然
⑥ 全线单体最大换乘站，整体简单大方

# 北京大兴机场线工程

| 推荐单位 | 中国土木工程学会轨道交通分会

## 1 工程概况

北京大兴机场线工程是配套北京大兴机场建设的轨道交通专线，为大兴机场航空旅客提供快速、直达、高品质的轨道交通服务。工程南起大兴机场北航站楼，北至中心城草桥。线路全长 41.36km，其中地下线和 U 形槽 23.65km，高架和路基段 17.71km。共设三座车站，分别为大兴机场站、大兴新城站和草桥站，均为地下车站。设车辆基地一座，位于线路中部，接轨于大兴新城站。大兴机场线为国内首条采用最高运行速度 160km/h 的机场快线。采用 AC25kV 供电制式，市域 D 型车，CBTC 系统，GoA4 等级全自动驾驶，全程运行时间 19.7min。项目总投资 230 亿元，采用 PPP 模式建设。于 2017 年 1 月开工建设，于 2019 年 9 月开通运营。

项目开通四年来，累计输送乘客 2363.78 万人次。2023 年来客流迅速攀升，日均客流达 3.3 万人次，最高日客流达 5.4 万人次，占大兴机场陆侧公共交通的 35%，领先于世界同类型线路，为大兴机场早日成为世界级航空枢纽的目标提供了有力支撑。

依托项目形成市域快线建设标准和规范，在京津冀、成渝、大湾区等区域十余个项目上得到应用和推广。近期延伸后，作为北京、雄安、大兴机场"双城一枢纽"连接线，将成为京津冀协同发展的重要引擎。

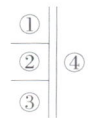

① 大兴机场站站台
② 草桥城市航站楼
③ 五线共廊
④ 白鲸号行驶在大兴机场线上

# 2 | 科技创新与新技术应用

(1) 快速专线，航空特色。为实现"半小时"通达中心城的时间目标，首次在城市轨道交通领域将最高运行速度提升至160km/h，全程运行时间仅19min。在草桥站设置城市值机功能，航空信息接入车站，全面升级服务设施，提高航空乘客出行体验。

(2) 构建枢纽，便捷换乘。按照枢纽标准建设三座车站，大兴机场站与航站楼一体化建设，机场B1层为轨道交通乘客提供快速值机功能；草桥站配置公交、小汽车接驳系统。通过多种交通方式便捷衔接，使"出租车＋机场线"成为航空旅客来往大兴机场的最主流出行方式。

(3) 路轨共构，节约土地。本线与机场高速、京雄城际、团河路、机场配套市政管廊五线共廊，从设计到建设，将五个线性工程进行协调整合，并将本线与机场高速、管廊上下共构布设，节约用地约600亩。

(4) 量身定制市域D型车，丰富轨道交通车辆谱系。结合线路需求研制城市轨道交通市域D型车，使之兼具高速运行和公交化特征，为市域快速轨道交通新增添了一种标准车型。获中国城市轨道交通协会科技进步一等奖。

(5) 研发高速刚性接触网，降投资、减维护。缩小盾构尺寸、控制工程造价、降低断网风险、减少运营期维护成本，通过动态仿真平台，革新零部件制造工艺，制定高速刚性网施工安装规范，研发160km/h高速刚性网成套关键技术，成果国际领先。

(6) 完成CBTC高速安全验证，预留延伸提速可能。控制系统采用CBTC系统，并首次完成CBTC核心系统时速200km安全性验证，满足本工程建设需求，并为延伸提速预留条件。

(7) 研发盾构高效掘进技术，解决建设难题。针对快线盾构区间长，砂卵石地层对盾构影响大的施工难题，采取优化改造刀具、减少盾构掘进磨损、设置装配式检修井快速换刀等技术措施，研发砂卵石地层土压平衡盾构长距离高效掘进技术。获北京市科技进步二等奖。

(8) 引入信息采集技术，实现运维数字化升级。引入接触网6C系统，实时监测关键部件状态并完成信息上传。建设运维信息化管理系统平台，设置26个子系统，通过车辆段智能管控系统、机电智能维修平台，实现运维数字化升级。

① 磁各庄车辆段列检库
② 大兴新城站全景
③ 草桥站 E 口外景
④ 大兴机场站卫生间
⑤ 12 号交叉渡线
⑥ 草桥站出发站台

# 广州市轨道交通九号线工程

| 推荐单位 | 中国铁路工程集团有限公司

## 1 工程概况

广州市轨道交通九号线经广州市花都区和白云区,西起飞鹅岭,经花都汽车城、广州北站、花都区政府、机场商务区等重点地段,至三号线北延段高增站止。线路全长20.1km,全部为地下线,共设置11座车站,是广州北拓高效发展的重要交通骨干线,广州市轨道交通九号线全线均位于富水岩溶发育区且全地下敷设的地铁线路,在国内尚属首次。

广州市轨道交通九号线作为国内第一条全线在富水岩溶发育区修建的地下线路,全线溶土洞见洞率平均为50%,部分工点高达70%,穿越多条河流及断裂,下穿武广、京广高铁,全线施工专业领域广,交叉密集,施工技术、组织、协调难度较高,存在多项工程技术重难点。

广州市轨道交通九号线采用6辆编组B型车,四动两拖;列车最高运行速度120km/h;列车定员站席标准采用6人/$m^2$,6辆编组定员1440人/列;正线平曲线最小半径为350m,最大纵坡为28‰。轨道:正线、配线、出入段线采用60kg/m钢轨,车辆段采用50kg/m钢轨;正线采用60kg/m钢轨9号单开道岔、12号单开道岔及5m间距交叉渡线;车站站台有效长度120m;供电方式:供电系统采用110kV/33kV两级集中供电方式,正线采用刚性接触网,车辆段采用柔性架空接触网;信号制式:正线信号系统采用列车自动控制(简称ATC)系统,包括ATS、ATP、ATO三个子系统。

工程于2009年9月28日开工建设,2018年6月28日竣工并通过验收,总投资109亿元。

①｜②

① 咽喉区供电系统
② 广州市轨道交通九号线工程岐山车辆段

# 2 | 科技创新与新技术应用

(1) 首创富水岩溶发育条件下复合地层地铁盾构工程成套技术，开创性提出岩溶区、溶土洞处理原则和方法，建立全套复杂地质条件下盾构隧道、明挖深基坑工程设计与施工技术方法，首创装配式钢套筒平衡始发／到达技术，创新了上软下硬地层中急曲线轴线控制技术，提出砂土层与岩溶交界页面盾构掘进安全施工控制技术，开发了岩溶区地铁综合处理应急抢险技术，创新了盾构施工中地下爆破排障施工关键技术，成功解决国内首次富水岩溶发育区施工技术难题，成套技术达到国际领先水平。

(2) 首创下穿350km/h高速铁路无砟轨道路基关键技术，首次实现在高铁不限速情况下，盾构下穿高铁路基变形安全控制指标0隆起、5mm沉降，填补了国内行业空白；首次在岩溶区引入MJS注浆技术；首次引入灰色模糊处理理论，分析溶洞发育特点，提出隧道岩溶处理原则和方法；首次搭建自动监测软件平台，运用信息化技术解决施工安全问题。

(3) 首创富水岩溶地层既有盾构区间加站成套关键技术，形成了盾构－基坑－暗挖隧道施工顺序论证及施工关键技术，创建了富水砂层地区既有隧道范围新增明挖结构支护施工技术，研发了爆破条件下基坑围护结构渗漏防治施工技术，创新了硬岩地层深基坑支护关键技术。

(4) 首创国内并联式双模盾构设备，研发国内首台并联式双模盾构设备，解决了传统单一模式盾构设备不适应富水岩溶复合地层复杂变化的地质问题，实现盾构掘进无需在特定条件下装卸任何部件、进行掘进模式的切换。

(5) 首创城市轨道交通工程建设信息化管控关键技术，首次搭建城市轨道交通工程安全风险预防控制关键技术，创建智能化的安全风险预防与控制信息平台，搭建土建工程精细化管理系统，实现各层级信息化服务，研发地铁一体化项目管理平台，全面实施"四化"管理，搭建BIM信息化技术管理体系，形成跨企业的精细化工程项目管理系统，实现对不同专业施工操作工序管理可视化、可跟踪、可归责的过程管理。

(6) 首创城市轨道交通机电系统智慧化体系，创新性采用蒸发冷却直膨技术，创新采用供电系统设置再生制动能量逆变回馈装置、集中UPS电源方案、智能照明控制系统，通过采用节能环保高性能强夯装备以及关键地基处理技术的应用，突破了处理复杂地基时遇到的工期、投资、节能、环保等技术瓶颈。

① 高增车站内部  ⑤ 花城路站站台层
② 并联式双模盾构机  ⑥ 集中UPS电源系统
③ 运用组合库停车列检棚  ⑦ 成型明挖区间
④ 高增站全景

# 重庆市轨道交通环线工程

| 推荐单位 | 中国铁道建筑集团有限公司

山地 As 型车辆在轨道环线夜间运营

# 1 | 工程概况

重庆市轨道交通环线工程是重庆轨道交通线网中唯一的闭合环形线路，也是最重要的骨干线路，线路全长50.88km，设车站33座（其中：地下站28座，高架及地面站5座），平均站间距1.54km。采用山地As型车，初近远期采用6、6、7编组，最高运行速度100km/h。连接了3座高铁站、4座综合公交枢纽、5个城市组团，解决市民越江出行难题。

本工程设计建造了世界上山地城市环线运营里程最长（50.88km）、车辆型式最新（首创山地As车辆）、工程难度最大（最大落差约200m）、换乘数量最多（线网中11条线、13座车站、远期17座）、跨线运营能力最强（4条轨道线路互联互通、衔接7座综合交通枢纽站）、远期客流最大（110万人次）的工程。

工程于2014年4月开工建设，2020年12月竣工，总投资314.2亿元。

① 罗家坝站—四公里站高架区间及四公里停车场出入场线
② As型车辆在环线白天运营
③ 车站站厅穹顶
④ "先斜拉后悬索"体系转换成桥技术
⑤ 鹅公岩轨道专用桥与公路桥形成独特的"姊妹桥"美景

# 2 科技创新与新技术应用

（1）规划设计了国际上首个基于标准化、网络化互联互通关键技术与示范应用。首次实现环线与线网中多条射线线路网络化运营，实现了载客跨线运营；站间行程时间减少了 10min 以上；沿线客流吸引量增加 8%～10%；出行时间节约 10～30min。

（2）创立了具有自主知识产权适应山地城市特点的地铁设计、建造成套标准体系。修订了国家标准《地铁设计标准》，新编《重庆市地铁设计规范》等 5 部地方标准，直接提升了国家标准的涵盖范围，填补了山地城市轨道交通技术空白。

（3）创新研发了山地城市 As 型车辆装备。As 型车辆最大爬坡能力由 30% 提升到 50%；15 座地下车站的埋深平均减少 8～15m，车站土建规模缩小 20% 左右（8.7 亿元），系统性解决山地城市线路埋深大、转弯半径小、坡度陡等建设难题。

（4）自主创新了适用山地城市地铁建设的多项关键技术。创新研制山地盾构内径 5.9m 管片标准、新型限界及疏散；首次建设立体交叠配线越行车站；首次应用了国内轨道交通最大伸缩量 1400mm 国产化钢轨伸缩调节器与上承式梁端伸缩一体化设备。攻克了复杂线型下山地城市轨道建设的多项技术难题。

（5）设计建造了三座世界之最的轨道桥，并研发了一系列轨道交通桥梁建造关键技术。建成了世界最大跨度的自锚式悬索桥鹅公岩轨道专用桥，首次研发了"先斜拉架梁，体系再转换"的施工技术；建成了世界最大跨度的公轨共用拱桥朝天门公轨两用桥；建成了国内主跨最长的轨道交通斜拉桥高家花园轨道专用桥。

轨道环线朝天门公轨两用桥

# 深圳市城市轨道交通6号线工程

| 推荐单位 | 中国土木工程学会轨道交通分会

楼南区间上跨南光高速

# 1 工程概况

深圳市城市轨道交通 6 号线工程起自深圳北站综合交通枢纽，终于松岗站，全长 37.6km，其中高架段长 24.616km，地下段长 5.647km，过渡段长 1.197km，山岭隧道两段长 6.166km，设车站 20 座。

深圳市城市轨道交通 6 号线工程处于深圳特区中部发展轴上，连接龙华、石岩、光明、公明、松岗等地区，并通过与 6 号线二期工程连接至福田、罗湖中心区，是联系核心城区与中部综合组团、西部高新组团的城市组团快线，也是贯穿珠江东岸莞－深－港区域性产业聚合发展走廊的重要联系通道，对完善深圳城市空间结构，助力粤港澳大湾区和深圳先行示范区建设意义重大。

深圳市城市轨道交通 6 号线工程列车最高运行速度 100km/h；采用 A 型车，三轨受电；车站站台计算长度 140m；正线最大坡度 ≤ 29‰，车站坡度采用平坡；正线平曲线半径 ≥ 550m（一般情况），困难情况 >450m；设计最大行车量 27 对 /h，系统能力 30 对 /h，系统富余 14.17%；工程造价 4.69 亿 / 正线公里。

工程于 2014 年 12 月 30 日开工建设，2020 年 8 月 18 日竣工并验收，总投资 181.63 亿元。

①
② ③ ④

① 6 号线合水口至蓢田埔区间高架
② 高架站光伏发电成套技术
③ 长圳车辆段外观
④ 凤凰城站夜景图

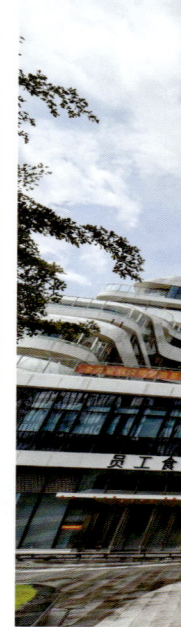

## 2 | 科技创新与新技术应用

(1) 创新绿色建造技术：①通过U形梁、管片和轨道板等工厂化预制，全线土建工程工业化率达50%以上；②采用预留预埋技术及在U形梁条件下隔振垫浮置、橡胶支座浮置、钢弹簧浮置板道床等预制构件技术，减少了90%以上现场打孔作业，提升安装效率及质量；③通过轨道交通设施用地集约利用和车辆段上盖条件预留技术，节约土地约300亩。

(2) 技术攻关：①创新先后张预应力结合U形梁预制施工技术，研发智能化大吨位同步张拉体系，实现高精度U形梁轻薄美观。②创新城市轨道交通最大跨度150mV形U+箱刚构连续梁施工技术，解决跨越排洪渠和5处道口交通疏解难题，线型美观形成地标。③创新大断面曲线预应力混凝土槽形梁顶推施工技术，解决大跨度桥梁一次性低净空跨越高速公路难题。④首次采用U形梁"先并置、后横移"技术，解决了架桥机通过岛式车站的运架一体化施工难题。⑤创新性引入三维可视化噪声地图评价法，采用综合减振降噪方案，解决了高架线减振降噪重大技术难题。

(3) 低碳运维：①首次应用高架站光伏发电成套技术方案，满足30%的动力照明用电需求，预计全生命周期总发电量5856万kW·h，减排二氧化碳5.84万t，填补了分布式光伏发电在车站应用的空白；②全线采用11套列车制动能量回馈装置，全年可节约电量约444万kW·h；③首次在轨道交通领域应用雨水花园、高位花坛、多功能蓄水池等海绵技术，实现年节约用水1920t、年径流量控制率高于70%和面源污染处理率高于60%；④首次在越区隔离开关处增设直流快速断路器组成牵引网上网组合开关柜，实现牵引网在不停电情况下双边供电与大双边供电运行方式的转换。

(4) 智能服务：首次建立基于综合监控、乘客信息、综合安防等系统计算处理的线路级云平台，提出双数据中心和车站降级部署相结合的云架构方案，提高了资源共享和运管管理效率。

① 光明站外观
② 最大跨度150mV形U+箱刚构连续梁
③ 上芬站至元芬站区间上跨港铁4号线
④ U梁+π形墩声屏障

# 厦门海沧新城综合交通枢纽工程

| 推荐单位 | 中国土木工程学会城市公共交通分会

厦门海沧新城综合交通枢纽工程全景

建设交通产业楼宇

# 1 工程概况

海沧新城综合交通枢纽工程位于厦门市海沧区，是福建省首个以复合型立体公共交通为主体的、以"交通枢纽+商业中心+保障租赁+开放空间"的社会公益性兼容商业经营性运作模式的现代化交通枢纽综合体。

项目总占地37218m²，总建筑面积188363m²，地下3层建筑面积约91363m²，地上部分建筑面积约97000m²，其中交通枢纽站房36000m²，保障性租赁住房15000m²，商业16000m²，办公30000m²。项目主要由综合楼、办公楼、宿舍楼、车辆检修地沟、地下室组成。综合楼为综合体的裙房，共4层，主要包括长途客运站、换乘大厅、商业等功能；办公楼为22层高层建筑，将打造建设与交通产业园；宿舍楼为16层高层建筑，将作为厦门市保障性租赁住房；地下设3层，地下1层为公交枢纽站、出租车营业站及与轨道交通的换乘大厅，地下2层、3层为社会车辆停车场及设备用房。

项目共设置1236个停车位。其中地面一层可容纳66台长途客车；地下一层建设了64个公交车位；地下共1106个小车停车位。建设充电桩75枪，可服务于海沧区纯电动出租车及网约车，实现公交场站充电桩资源复用。车辆检修地沟为一栋单层独立建筑，作为交通枢纽站车辆维修配套工程。

项目集长途客运、城市公交、出租车、"P+M"社会停车（即换乘停车场）及轨道等多种交通方式于一体，充分体现了功能创新、综合交通协调、构建绿色出行方式、落实"双碳"目标、促进城市资源向社会开放共享的发展理念。带动了区域发展和城市空间、功能的更新和提升，促进了城市公共交通由单一交通功能向综合开发建设与市场化运营相结合的发展模式转型升级，推动了综合性交通枢纽工程的可持续发展。

工程于2017年3月开工建设，2021年10月开通运营，总投资7.9亿元。

① 宿舍楼-鹭驰公寓
② 办公楼一楼大厅
③ 车辆检修地沟
④ 地下一层地铁换乘大厅
⑤ 地下一层社会停车场
⑥ 地下一层公交站台
⑦ HUI园内部-企业已入驻
⑧ 宿舍楼-保障性租赁房内部
⑨ 办公楼-HUI园

## 2 科技创新与新技术应用

(1) 项目在传统 TOD 模式以公交场站与轨道交通为主体的基础上融入长途客运站综合开发，将交通辐射范围从城市内扩散至全省以及全国，建设市内公共交通与市外国家公路交通网相结合的新型 TOD 模式，成为区域性的交通枢纽综合体。

(2) 设置"P+M"换乘停车场，由于厦门市是以厦门岛为核心的环岛型城市，进出岛交通压力以及岛内本市交通压力巨大，"P+M"换乘系统可以实现海沧区私家车的高效换乘，实现车辆高峰时期的截流，缓解岛内交通压力，构建绿色出行方式，促进实现"双碳"目标，项目共设置换乘车位 1000 余个，将成为全市范围内的"P+M"换乘系统组网中的重要节点。此外，本项目融合了长途汽车、公交、出租车与轨道交通的换乘，大大增加了换乘的可靠性、多样性和便捷性。

(3) 项目中的 5G+C-V2X 车联网技术及 5G+ 北斗高精度定位技术应用作为交通运输部的"厦门城市公交综合智慧系统科技示范工程"、国家发展改革委的"城市级车路协同及数字化智慧出行示范平台项目"试点项目，为以上国家示范项目的实施提供抓手、经验和成效，同时为海沧新城综合交通枢纽的交通运营业务管理的信息化、智能化赋能。

(4) 多元化交通体系和多样化城市职能激发城市活力，项目形成了以长途客运站、公交场站、出租车运营站、轨道交通站与"P+M"社会车辆停车场组成"五位一体"的多样化交通体系，车行交通流线与人行交通流线立体交叉，错综复杂。融合了大型商业综合体、高层办公、保障性租赁房等城市部分职能，促进海沧新城、岛内外以及市外大量人流快速便捷地流入与流出，激发城市活力。

(5) 项目率先采用灌注桩后注浆技术、可回收锚索 + 钻孔灌注桩基坑围护结构，全面采用钢筋直螺纹连接技术，率先采用后张法有粘结预应力梁技术，创新采用型钢混凝土组合结构技术，率先

引用基于 BIM 的管线综合技术，创新采用高压扩大头锚杆抗浮技术等创新技术，在保证施工质量的同时，为类似项目施工提供了借鉴经验。

(6) 项目总结形成了《复杂城市环境下多层次地下空间结构施工关键技术》，解决了工程地下规模大，且轨道贯穿建筑，施工难度高，地质环境差，结构体系复杂等技术重难点，为城市复杂环境下综合枢纽的施工提供了一套既安全可靠又经济适用的施工方法和管理理念，丰富了我国城区地下空间结构施工的施工技术体系，也进一步提升了我国城区地下空间结构施工的经济性。本工程建设过程中，共形成和采用发明专利 2 项，实用新型专利 8 项。

# 武汉三阳路越江通道工程

| 推荐单位 | 中国土木工程学会市政工程分会

汉口岸隧道主线洞门全景

## 1 | 工程概况

武汉三阳路越江通道工程是世界首例城市道路与地铁合建盾构法越江通道工程。工程穿越长江，连接北岸汉口核心区和南岸武昌滨江商务区，线路全长4.65km，由公铁合建隧道、疏解匝道、两岸地铁换乘枢纽车站及地面道路拓宽改造等相关市政配套工程组成。

公铁合建越江隧道盾构段长2590m，双管双层布置，管片外径15.2m，上部道路层为双向六车道城市主干路、设计速度60km/h，下部地铁层通行地铁A型车、设计速度100km/h，采用同期国内最大直径（开挖直径15.76m）泥水平衡盾构施工；长江两岸明挖段道路层采用三级疏解，两岸各设2对进出匝道（共8条），匝道隧道建筑总长2689m；隧道在长江两岸分别设一处与物业开发合建的风塔，并在武昌岸设一座建筑面积6100m²的管理中心。汉口和武昌岸主线接地段地面道路同步拓宽为双向6车道，匝道接地段地面道路拓宽为双向4车道，共改造地面道路2136m。配套建设的地铁7号线三阳路站为地下2层站，总建筑面积约4.5万m²，与地铁1号线换乘；5/7号线徐家棚换乘站总建筑面积13.6万m²；地铁层自两岸工作井与道路层分离后，采用两管外径6.2m小盾构间隧道分别接入三阳路和徐家棚站，总长467m。

工程获国家优质工程奖、菲迪克（FIDIC）优秀工程奖、国际隧协（ITA）年度重大工程提名奖、中勘协优秀设计一等奖；科研成果获国家科技进步二等奖、中国岩石力学与工程学会科技进步特等奖、湖北省技术发明一等奖、教育部科技进步一等奖。

工程于2014年2月开工建设，2018年9月竣工验收，总投资57.6亿元。

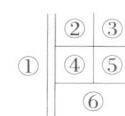

① 工程全貌实景融合
② 盾构机刀盘
③ 公铁合建隧道横断面
④ 公路行车层全景
⑤ 运营管理中心监控大屏全景
⑥ 汉口岸隧道主线洞门全景

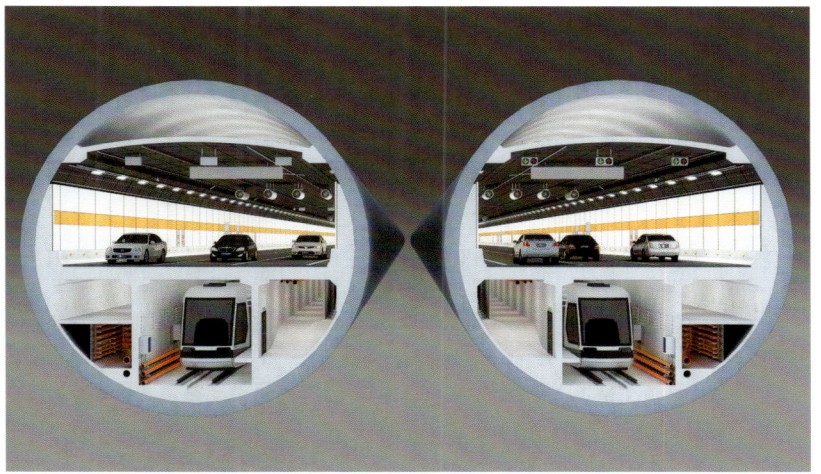

## 2 | 科技创新与新技术应用

(1) 世界首例城市道路与地铁合建的盾构法越江通道工程,实现了城市地下空间高效集约利用,经济和社会效益显著;标志着我国率先掌握了公铁合建盾构隧道建造技术,在隧道技术发展史上具有里程碑意义。

(2) 首创了地铁区间隧道分段式纵向通风技术,解决了公铁合建盾构法隧道越江段通风排烟难题。

(3) 研发了公铁合建盾构隧道共用疏散通道、隧道体内泵房等新技术,通过盾构隧道断面集约化布置,将三车道城市道路和地铁区间隧道复合在直径15.2m 的盾构隧道内,断面利用率达到 95%,为国内外首创。

(4) 利用首创的土岩复合地层盾构隧道荷载计算方法、盾构隧道防水与结构安全保障一体化设计技术,攻克了复合地层超大直径盾构隧道结构与防水技术难题。

(5) 同期国内最大直径(刀盘15.76m)泥水平衡盾构在砂土–泥岩复合地层高水压(0.63MPa)条件下成功穿越长江,解决了超大直径盾构常压刀盘结泥饼、掘进工效低的技术难题。

(6) 创新提出的"先逆后顺再拓"新型逆作施工工法、钢管混凝土柱"两点机械定位法",为国内首座地下四层"公铁合建"的地铁枢纽车站安全高效建造提供了技术保障。

① 地铁层隧道全景
② 徐家棚站站厅全景
③ 三阳路站站厅全景

# 汾江路南延线沉管隧道工程

| 推荐单位 | 中国土木工程学会市政工程分会

## 1 工程概况

该工程位于广东省佛山市禅城区的石湾镇和顺德区的乐从镇，路线北起汾江南路与澜石路交口，止于乐从大道。采用双向六车道、城市I级主干道设计标准，全长约2.41km。

工程是世界断面最宽的公铁合建内河沉管隧道。工程采用公铁合建沉管隧道设计方案，为三孔一管廊的不对称断面设计。公路线路布置为双向六车道，地铁线路为双向双线布置，沉管隧道段长445m，设2.5m的水下最终接头和五条柔性接头。沉管为钢筋混凝土结构，共分成四段，沉管宽度39.9m、高度9m、长度106～115m，每节管段重量约5万t，地基为中风化砂质岩，基础为后灌砂垫层。

工程是珠江三角洲地区的一条重要通道，其建成有利于整个珠江三角洲西岸地区人流、物流的快速聚集和疏散，能够带动珠江三角洲整个经济区中部城市群的发展，有利于增强珠江三角洲的经济集聚能力，打开广州"西联南拓"战略南拓受阻的局面。在粤港澳大湾区建设中，本工程将成为连接深圳—香港、广州—佛山和珠海—澳门3大经济圈的闭合快速路网的重要组成部分，有利于珠江口西岸制造业城市群与港澳地区融合的进一步深入，珠三角区域一体化将迎来全新发展阶段。

工程于2010年5月27日开工建设，2021年6月30日竣工，总投资16.18亿元。

全景

## 2 | 科技创新与新技术应用

(1) 创新设计和修建了宽度 39.9m 世界最宽的公铁合建的沉管隧道，充分发挥沉管法隧道埋深浅的优势，较分建方案减少了永久用地，实现了城市核心区集约型发展需求。

(2) 创建了灌砂法沉管隧道沉降计算、检测方法、评价和不均匀沉降控制技术，研发的管节接头半刚度和顶部减载综合控制技术，有效解决了接头不均匀沉降难题。

(3) 创新提出了连续接力绞拖 + 全球定位精准导航技术，研发了新型外置式垂直支撑和可调可拆的鼻托导向装置，确保了在 3m/s 大流速、300 艘 /h 繁航道、不对称沉管结构等条件下的安全浮运和沉放技术。

(4) 研发了城市敏感区基岩水下微差爆破 + 气泡帷幕 + 钢封门振动监测多维综合爆破的控制技术。

(5) 编制完成了《沉管法隧道设计标准》《沉管法隧道施工与质量验收规范》，推动了我国沉管法隧道的建设和技术进步，增强了国内企业的核心竞争力，成果达到国际领先水平。

① 管段浮运沉放前施工准备
② 东平隧道全景
③ 沉管隧道布置效果图
④ 沉管端封门安装
⑤ 射流风机

# 世界大运会东安湖体育公园项目

| 推荐单位 | 中国冶金科工集团有限公司

全景

# 1 | 工程概况

世界大运会东安湖体育公园项目，位于成都龙泉驿区，占地面积5984亩，建设内容含城市型水库、水陆生态系统、光影系统、交通网络、火炬塔、景观桥梁、建（构）筑物及附属工程等。项目是首批践行"把生态价值考虑进去"的国家公园城市建设项目，是成渝经济圈重要生态支点。

公园构建了森林、湖泊、湿地、草地四大自然生境，配置各类植物400余种，乔木10余万株，融合8种地域文化，打造7.4km市政道路、1.7km湖底隧道，9座市政桥梁、25座景观桥梁、7条特色绿道、49栋景观建筑物、14栋公服配套、57处景观构筑物、30座特色雕塑，形成水陆活动场景共30余种。布局湖、河、溪、湾、池、渠、瀑、泉、涧、滩十大水系形态，形成108.8万$m^2$湖区水域，打造24.11km生态护岸。湖区全域底质改良，配置沉水、挺水植物30余种，投放水生动物12种，构建复合自净水域系统。园区照明面积228万$m^2$，配置照明设备7万余套；光影核心火炬塔高31m，基座宽21m，由12条光带螺旋升腾汇聚而成，展现金沙、阳燧等文化元素，形成平赛节复合光影体系。

工程于2019年10月开工建设，2021年4月竣工，总投资50多亿元。

夕阳下水清湖宴的东安湖

## 2 科技创新与新技术应用

(1) 项目提出了"活力生态、公园化城"设计理念，创新运用"蓄塘成湖、留木成林、因势聚山、借渠引水"的低影响生态设计策略，打造了一湖三区七岛的生态水域格局，实现了29个不同场景串联、10余种业态植入的空间构型，解决了引水灌溉、地域文化、绿色低碳、园林艺术和公共服务等功能深度融合的设计难题，为公园城市理念具体深化提供了途径。项目构建了生物类型多样、生态系统稳定的水陆一体化碳增汇体系，年吸收固定 $CO_2$ 7000多吨，有效缓解城市热岛效应，实现了生态与景观价值的和谐共赢。

(2) 首次提出区域水系水动力作用耦合营养物质归趋评估理论，营造重力驱动湖体自净化流动范式；构建可见光量子辐照下初期浅水湖体消纳体系以及基于多相流明渠流动法的湖体入水口过渡阶梯溢流消能体系。通过参数化径流分析手段，指导多种低影响开发（LID）措施精准施工，利用成片LID协同作用实现亲水岸边营造；采用最佳管理实践（BMPs）评价模型综合模拟LID污染阻滞效率，保证亲水岸边面源污染截留效率。建立了湖泊营养化生态模型，确定了需要改善和控制的水质指标，形成了藻类、食藻虫、矮型苦草、底栖动物和鱼类等多条完整食物链构建的水下森林，加快物质和能量的迁移速度，实现了湖区水体内源稳态长效保持，使东安湖成为成都市备用水源。

(3) 提出了多维、多场景、多目标交融的光影艺术设计理念，通过三维光域环境建模、计算及优化分析，解决了古蜀文化、大运精神与园区水地空、生态体系、平赛节时段的文化、空间与时间维度上的光影协调融景难题。首创光影被动呈现关键技术，实现了"细腰"形火炬塔高大菱形网格结构超小误差控制、外装饰面高反射率营造的目标；研制了主动式节能造景照明系列设备及工艺，通过主被动有机协同及场景融合，绿地面积耗电量远低于绿色照明标准下限，实现了低能耗、低影响、绿色创新的光影艺术自然呈现。

(4) 构建了"生态+智慧"为核心理念的信息化管控模型，研发了生态公园智慧管控平台，实现了公园建设的项目设计-施工-运维一体化智慧管理，引领生态园林数字化建设转型。开发了大型生态公园多层次场景设计虚拟重构技术，提升生态公园规划设计的科学化、精准化与高效化，实现景观高品质呈现。构建了实时演替的智慧建造技术体系，突破性解决了大场区地形营造、水系利用、建（构）筑物混凝土质量控制等系列建造难题。研发了设施生态效能管理决策运维控制系统，解决多场景智慧运维管理难题。

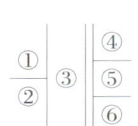

① 水映桃花堤
② 帆影竞渡
③ 火炬塔漫反射效果打造
④ 全园灯光融景
⑤ 湖心生态岛
⑥ 生态公园智慧管控平台

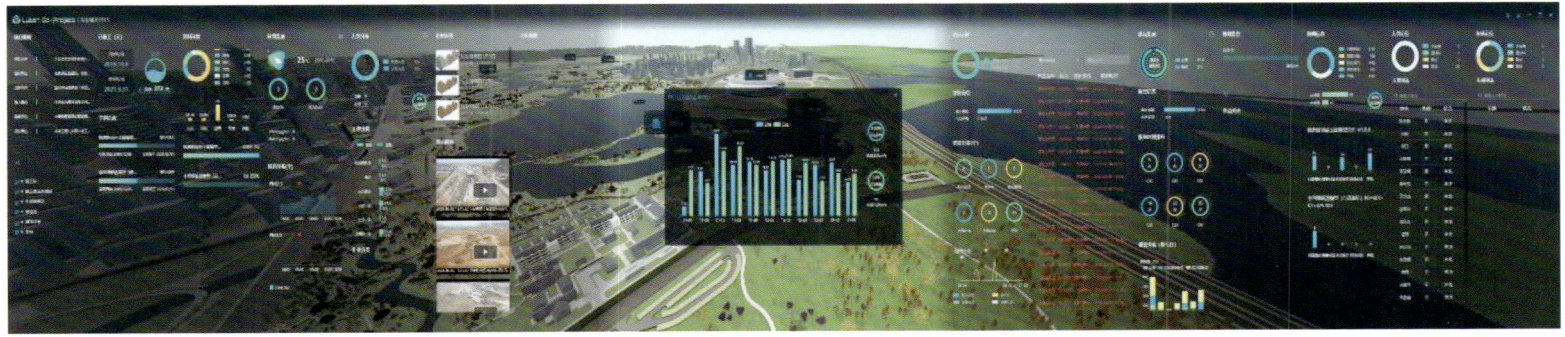

# 高安屯污泥处理中心及再生水厂工程

| 推荐单位 | 中国土木工程学会水工业分会

## 1 工程概况

北京市高安屯污泥处理中心及再生水厂工程是落实《北京市加快污水处理和再生水利用设施建设三年行动方案（2013—2015年）》计划，解决城市污泥处理困境、提升资源综合循环利用效率、改善区域水环境质量、促进实现绿色低碳高质量发展的重要民生工程。

该项目位于北京市朝阳区东部金盏乡，占地26.9公顷。污泥处理规模为1836t/d，承接本厂高安屯及外厂清河、定福庄、北苑、酒仙桥、北小河6座再生水厂产生的污泥；餐厨垃圾协同处理规模为550t/d；消化液厌氧氨氧化处理规模为4600t/d；污水处理规模为20万m³/d。污泥处理工艺采用"热水解+厌氧消化+板框脱水+热电联产+土地利用"综合处理方案，达到污泥高产气率、高稳定化、高卫生学指标，处理后的污泥可用于林地、矿山修复等，实现污泥处理处置全链条解决方案；通过实施沼气发电、光伏工程、水源热泵，充分利用清洁能源践行绿色低碳发展；引进餐厨垃圾与污泥协同，不仅解决了城市餐厨垃圾处理中消化运行不稳定、高盐沼液处理费用高等难题，还整体提升了污泥处理沼气产量和发电量，沼气发电规模6MW，光伏发电规模1.62MW。通过降碳、替碳、固碳多项措施，率先成为全国首个能源自给、大型污泥处理中心及再生水厂。

项目建成至今运行稳定，产品全部资源利用，改良土地超10万亩，通过沼气和光伏发电实现能源自给率100%，年降低运行费4700万元，是泥水共治、餐厨协同、多能耦合、能源自给的全国首个大型碳中和示范工程。

工程于2014年3月开工，2018年12月竣工，总投资42.99亿元。

①
②

① 高安屯污泥处理中心及再生水厂工程
② 污泥热水解处理设施

237

## 2 科技创新与新技术应用

**(1) 运用前沿技术,改性污泥特征,提升处理效果**

针对北京市污泥特点,成功应用的热水解厌氧消化工艺,较传统工艺减少消化停留时间 30%、节约用地 20%、产沼率提高 40%、有机物分解率超 50%、提升脱水效率 25%,粪大肠菌群数低于检出限值,远低于美国 503 污泥 A 级标准每克总固体小于 1000 个的要求。

**(2) 餐厨协同、多能耦合、综合利用、零碳排放**

引入餐厨垃圾与污泥协同处理,既解决餐厨垃圾处理困境又提高能源回收效能;实施沼气及光伏年发电 4530 万 kW·h、热能回收 7200MJ。通过降碳、替碳、固碳等综合措施,利用清洁能源,实现零碳排放。

**(3) 应用自主创新科技成果**

将自主创新的厌氧氨氧化高效脱氮技术应用于消化液处理,减少消化液回流对总氮负荷的影响,节约能耗 30%,碳减排 50% 以上。《污水厌氧氨氧化高效脱氮技术体系创建与产业化应用》获得北京市科学技术进步奖一等奖。

**(4) 实现污泥资源回归土地**

污泥处理采用"热水解 + 厌氧消化 + 板框脱水 + 热电联产 + 土地利用"综合处理方案,每年可产高品质营养土 23.87 万 t,全部用于林地、土地改良、矿山修复等,为污泥处理处置提供可复制的典型整体解决方案。

**(5) 打造建设规模之最**

亚洲最大采用热水解厌氧消化工艺的污泥处理中心;世界最大圆柱形钢制污泥消化罐,单罐容积 11500$m^3$;世界最大双膜沼气储柜单个容积 8500$m^3$。

**(6) 创新施工工法,提高安全质量**

采用先进的倒装施工法及液压提升系统完成世界最大钢制消化罐安装,保证罐体平稳提升及施工安全;多项发明专利,大幅提高施工速度,缩短施工周期。

① 厌氧消化池及污泥热水解系统
② 厌氧氨氧化系统处理设施
③ 再生水厂光伏发电设施
④ 沼气发电机组
⑤ 餐厨垃圾协同处理料仓
⑥ 厌氧消化池

# 广州市中心城区生态型市政污水厂工程

| 推荐单位 | 中国土木工程学会市政工程分会

沥滘净水厂实景

# 1 工程概况

广州市中心城区生态型市政污水厂工程，总规模 111 万 $m^3/d$，项目建设内容包括京溪、沥滘、石井、江高、西朗 5 座地埋污水厂子项工程，项目具有建设条件复杂、施工难度大等特点，项目建设践行"绿色低碳"和"数字赋能"理念，开创性提出污水厂叠加布置理念，并成功应用了五种可复制的综合开发新模式。为推动生态友好型污水厂建设、充分发挥厂区土地价值，因地制宜推广污水处理厂下沉的号召，发挥模范带头作用。

项目积极探索构建集约高效、经济适用、智能绿色、安全可靠且连续完整的城市水生态基础设施体系，助力打造宜居韧性智慧城市，让人民群众在城市生活得更方便、更舒心、更美好。项目荣获国家和省部级荣誉 48 项，其中国家科技进步二等奖 2 项、国际大奖 1 项、国家优质工程奖 2 项；制定标准 8 部、工法 12 项；专利 55 项（发明专利 33 项）；发表论文 45 篇。项目建设为我国同类工程提供了宝贵经验，为推动市政污水处理行业技术进步和绿色发展起到良好的示范作用。

工程于 2010 年 3 月 27 日开工建设，于 2021 年 9 月 26 日竣工，总投资为 90.96 亿元。

① 石井净水厂实景
② 江高净水厂实景
③ 西朗净水厂实景
④ 京溪污水处理厂实景

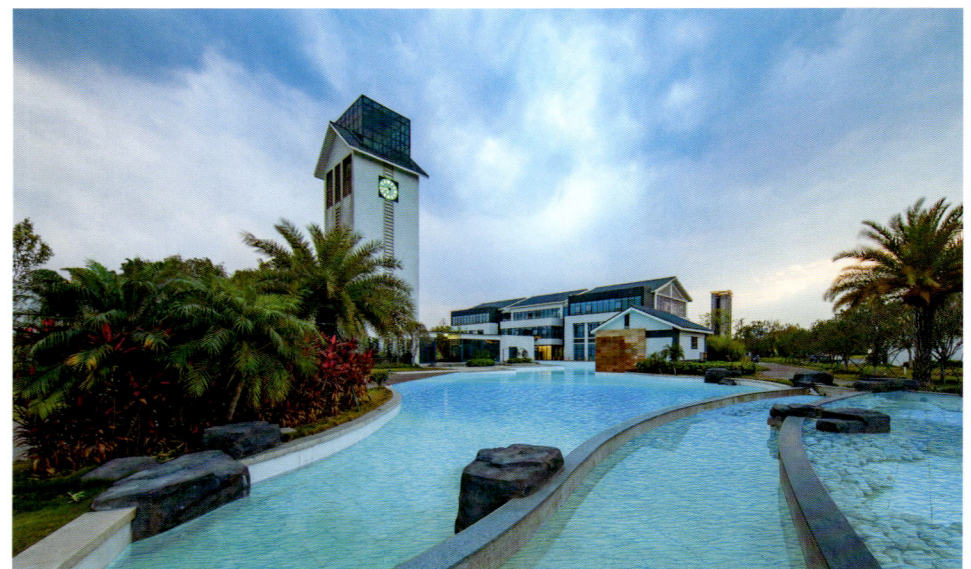

## 2 | 科技创新与新技术应用

(1) "叠"：在国内率先提出"地下建厂、地上建园"的叠加布置理念，实现构筑物全地下式布置、工艺单体组团集成化布局、卫生防护要求突破、城市综合投资观念优化、工艺技术的创新、地面公园式厂区景观等多种设计创新，以较少的用地和先进的工艺达到优良的生态效果。

(2) "智"：在全国首次将污水处理物化指标运行控制向微生物指标智能化控制的革命性转变，依此系统思维构建智慧化平台、在线工艺仿真系统和可视化碳管理平台。

(3) "节"：创新开发出高标准、高效脱氮的低碳污水处理工艺技术。通过对污水水质特征和污染物赋存转变控制的分析，研究形成了多点进水、内碳源利用强化脱氮+污泥回流与化学除磷耦合的 AAOA-PRSB 工艺技术体系，实现碳源和药剂投加减少 30%。

(4) "净"：在国内首次提出差异化收集、分区分质处理的通风除臭技术体系。构建臭气浓度场-湿度场-速度场模型，对臭气采用差异化收集和分质处理，应用自主研发的等离子体+生物过滤除臭技术，实现高效除臭，去除率均达到 92% 以上。在建设过程中实现"四个零"，包括周边居民的零投诉、零上访、零建设阻挠、零负面舆情。

(5) "协"：采用人工智能、3D 打印、虚拟现实、视屏监控等技术，解决了污水厂超长结构一体化设计和施工难题。通过自主研发超大基坑自动化监测系统，搭载 BIM+ 智慧工地管理系统，提升了安全、质量、进度、环境监测等智能化管理水平，实现深大基坑自动化监测和自动化报警。

广州市中心城区生态型市政污水厂工程，全力打造生态型地埋式净水厂全球标杆，带动广州成为全国地埋式净水厂建设最早、数量最多、规模最大、产能第一的城市，推动建设运营理念和技术在成都、昆明、温州、惠州、太原、东莞等城市广泛应用，向世界积极传播"人与自然和谐共生"的生态文明理念，成为世界看广州的"绿美窗口"。

① "地下建厂、地上建园"
② 地埋厂地下V型滤池
③ 主体结构跳仓法施工
④ 水质净化厂数字孪生智慧运营平台

# 津沽污水、再生水、污泥循环经济示范项目

| 推荐单位 | 中国土木工程学会水工业分会

津沽污水、再生水、污泥循环经济示范项目全景

① 再生水车间
② 污泥消化罐

# 1 工程概况

津沽污水、再生水、污泥循环经济示范项目是日处理 65 万 m³ 污水、7 万 m³ 再生水、800t 污泥的综合处理设施，其前身为天津纪庄子污水、再生水处理厂。纪庄子污水厂为中国近代第一座大规模污水处理厂，为我国污水处理的行业发展、技术革新及人才培养奠定了基础。2012 年，由于原纪庄子污水厂四周已被居民区包围，且用地已无水质进一步提升空间。天津市政府总体决定启动纪庄子污水厂搬迁工程。该项目是天津市重点工程，也是天津市 20 项民心工程之一。

工程自 2016 年建成以来，出水水质良好，再生水供应稳定，污泥得到良好的处理并实现了有效的利用。厂区环境优美，多项低碳设施得到良好应用，智慧化管控手段有效降低了处理电耗。

项目以精品工程为目标，充分注重产学研的有效融合。依托工程建设及运行获得的大量科研成果，曾获得华夏建设科技奖一等奖、国家及省部级科技进步奖、全国勘察设计行业奖，海河杯优秀工程、优秀设计奖等多个重要奖项。获得相关专利 45 项，专著 1 部，论文 14 篇，工法 2 项。对今后污水、污泥、再生水设施的联合建设、运维起到了良好的引领和示范作用。

工程于 2012 年 2 月 1 日开工建设，于 2021 年 9 月 6 日总体竣工，总投资为 21.0367 亿元。

## 2 | 科技创新与新技术应用

(1) 工程将节能减排、绿色低碳、资源循环等理念贯穿于整个生命周期，具备很强的示范意义。

(2) 污水出水与周边景观湿地相结合，实现了水资源的再利用；水处理部分率先采用"改进的多级AO工艺"，在减小了池容的同时，还可根据需求灵活调节运行方式。

(3) 首次在超大规模污水处理项目中采用"两级初沉污泥水解"，通过降解污泥中的有机物及挥发性有机酸产生生物所需碳源，节省了碳源投加。

(4) 再生水采用大型双膜法，解决了周边居民、电厂的用水需求；污泥处理实现了来自自然，回归土地的资源化利用。

(5) 应用了全国规模最大的高浓度中温厌氧消化系统，节省占地10%，产气量大幅提高。

(6) 通过处理前端的高压破壁，中间的增效菌剂投加较大地提高了沼气产量，通过沼气的综合利用及水源热泵对污水中热源的提取，实现了项目的日常能源自平衡，部分时段盈余。

(7) 污泥滤液成功应用了厌氧氨氧化及磷回收等多项节能减碳技术，项目的稳定运行对全国污泥处理处置工作起到了重大的启发和推动作用。

① 生物池、二沉池
② 污水厂全景
③ 污水厂正门
④ 二沉池
⑤ 污泥接收车间
⑥ 脱硫塔
⑦ RO 反渗透设备
⑧ 再生水车间